高等学校测绘工程系列教材

数字地形测量学习题和实验

潘正风　程效军　成枢　王腾军　翟翊　邹进贵　王崇倡　编著

图书在版编目(CIP)数据

数字地形测量学习题和实验/潘正风等编著．—武汉:武汉大学出版社，2017.6(2024.7 重印)

高等学校测绘工程系列教材

ISBN 978-7-307-19419-9

Ⅰ.数…　Ⅱ.潘…　Ⅲ. 数字技术—应用—地形测量学—高等学校—教材　Ⅳ.P21-39

中国版本图书馆 CIP 数据核字(2017)第 143226 号

责任编辑:王金龙　　　责任校对:汪欣怡　　　版式设计:马　佳

出版发行:**武汉大学出版社**　(430072　武昌　珞珈山)

(电子邮箱:cbs22@ whu.edu.cn 网址:www.wdp.com.cn)

印刷:武汉新鸿业印务有限公司

开本:787×1092　1/16　印张:8.25　字数:204 千字

版次:2017 年 6 月第 1 版　　2024 年 7 月第 4 次印刷

ISBN 978-7-307-19419-9　　定价:32.00 元

前　　言

《数字地形测量学习题和实验》是《数字地形测量学》（潘正风、程效军等编著，武汉大学出版社2015年出版）的配套教材。本书所列各章的习题有利于学生加深对课堂教学内容的理解，所列的各项实验有利于加强实践性教学环节，有利于学生增强测量基本操作的动手能力，所列的控制测量计算程序（C++）有利于提高学生的控制测量计算编程能力。

本书内容分为五个部分，第一部分：习题；第二部分：实验；第三部分：电子测量仪器使用说明；第四部分：数字地形图测量规定；第五部分：控制测量计算程序（C++）参考。第二部分实验内容针对《数字地形测量学》课堂实习，仪器及用具可视具体情况配备。

参加本书编写的有：武汉大学潘正风、邹进贵，同济大学程效军，山东科技大学成枢，长安大学王腾军，解放军信息工程大学翟翊，辽宁工程技术大学王崇倡。全书由潘正风负责统稿工作。

书中电子测量仪器使用说明的编写得到了广州南方测绘仪器有限公司等测绘仪器厂商的大力支持，本书的编写得到作者所在单位和武汉大学出版社的大力支持，在此一并表示衷心的感谢。

由于水平有限，书中不妥和不足之处，恳请读者批评指正。

编　者

2017年3月于武汉

目　录

第一部分　习　　题

一、测量坐标系和高程

（1）什么是水准面？水准面有何特性？

（2）何谓大地水准面？它在测量工作中有何作用？

（3）何谓地球参考椭球？

（4）测量工作中常用哪几种坐标系？它们是如何定义的？

（5）测量工作中采用的平面直角坐标系与数学中的平面直角坐标系有何不同之处？画图说明。

（6）何谓高斯投影？高斯投影为什么要分带？如何进行分带？

（7）高斯平面直角坐标系是如何建立的？

（8）应用高斯投影时，为什么要进行距离改化和方向改化？

（9）地球上某点的经度为东经112°21′，求该点所在高斯投影6°带和3°带的带号及中央子午线的经度？

（10）若我国某处地面点 P 的高斯平面直角坐标值为：$x = 3102467.28\text{m}$，$y = 20792538.69\text{m}$。问：

①该坐标值是按几度带投影计算求得？

②P 点位于第几带？该带中央子午线的经度是多少？P 点在该带中央子午线的哪一侧？

③在高斯投影平面上 P 点距离中央子午线和赤道各为多少米？

（11）什么叫绝对高程？什么叫相对高程？

（12）根据“1956年黄海高程系”算得地面上 A 点高程为63.464m，B 点高程为44.529m。若改用“1985国家高程基准”，则 A、B 两点的高程各应为多少？

（13）已知由 A 点至 B 点的真方位角为68°13′14″，而用罗盘仪测得磁方位角为68.5°，试求 A 点的磁偏角。

（14）已知 A 点至 B 点的真方位角为179°53′，A 点的子午线收敛角为+1°05′。试求 A 点至 B 点的坐标方位角。

（15）已知 A 点的磁偏角为−1°35′，子午线收敛角为−7°25′，A 点至 B 点的坐标方位角为269°00′，求 A 点至 B 点的磁方位角。

（16）如图1-1所示，写出计算∠1、∠2、∠3的方位角下标符号。

$\angle 1 = \alpha$ ____ $- \alpha$ ____；$\angle 2 = \alpha$ ____ $- \alpha$ ____；$\angle 3 = \alpha$ ____ $- \alpha$ ____

（17）如图1-2所示，已知 AB 坐标方位角：$\alpha_{AB} = 357°32'48''$，水平角值如下：

$$\alpha = 41°54'38''; \beta = 97°28'55''; \gamma = 54°33'16''; \delta = 104°55'47''$$

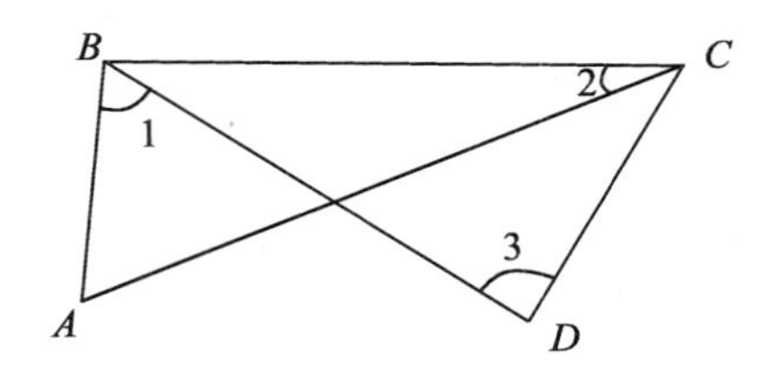

图 1-1　角度和方位角

试求坐标方位角 α_{AC}，α_{BC}，α_{AD}，α_{BD}。

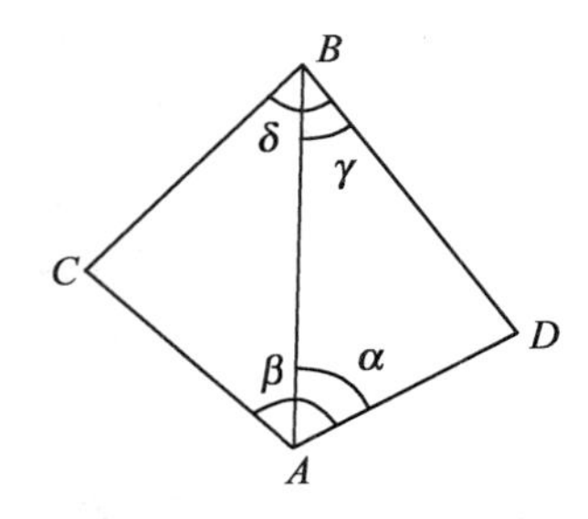

图 1-2　坐标方位角 α_{AB} 和水平角

（18）用水平面代替水准面，地球曲率对水平距离、水平角和高程有何影响？

二、地形图基本知识

（1）什么是地形图？主要包括哪些内容？

（2）何谓比例尺精度？比例尺精度对测图有何意义？试说明比例尺为 1∶1000 和 1∶2000地形图的比例尺精度各为多少。

（3）地面上两点的水平距离为 123.56m，问在 1∶1000，1∶2000 比例尺地形图上各长多少厘米？

（4）由地形图上量得某果园面积为 896mm²，若此地形图的比例尺为 1∶5000，则该果园实地面积为多少平方米？（精确至 0.1m²）

（5）地形图符号有哪几类？

（6）根据地物的大小及描绘方法不同，地物符号分为哪几类，各有什么特点？

（7）非比例符号的定位点作了哪些规定？举例说明。

（8）地形类别是如何划分的？

（9）何谓等高线？等高线有何特性？等高线有哪些种类？

（10）什么是等高距？什么是等高线平距？

（11）何谓地形图的梯形分幅？何谓地形图的矩形分幅？各有何特点？

（12）按现行国家地形图分幅和编号，梯形分幅 1∶1000000 比例尺地形图的图幅是如何划分的，如何规定它的编号？

（13）某控制点的大地坐标为东经 115°14′24″、北纬 28°17′36″，按现行国家地形图分幅和编号，试求其所在 1∶5000 比例尺梯形图幅的编号。

（14）已知某梯形分幅地形图的编号为 J47D006003，试求其比例尺和该地形图西南图廓点的经度与纬度。

（15）试述地形图矩形分幅的分幅和编号方法。

三、测量误差基本知识

（1）产生测量误差的原因有哪些？

（2）测量误差分哪几类？它们各有什么特点？测量中对它们的主要处理原则是什么？

（3）偶然误差有哪些特性？

（4）何谓标准差、中误差、极限误差和相对值误差？各适用于何种场合？

（5）对某一三角形的三个内角重复观测了 9 次，定义其闭合差 $\Delta=\alpha+\beta+\gamma-180^\circ$，其结果如下：$\Delta1=+3''$，$\Delta2=-5''$，$\Delta3=+6''$，$\Delta4=+1''$，$\Delta5=-3''$，$\Delta6=-4''$，$\Delta7=+3''$，$\Delta8=+7''$，$\Delta9=-8''$；求此三角形闭合差的中误差 m_Δ 以及三角形内角的测角中误差 m_β。

（6）对于某个水平角以等精度观测 4 个测回，观测值列于表 1-1。计算其算术平均值、一测回的中误差和算术平均值的中误差。

表 1-1　　**计算水平角算术平均值和中误差**

次序	观测值 l	Δl/（″）	改正值 v/（″）	计算 $\bar{x}$，m，m_x
1	55°40′47″			
2	55°40′40″			
3	55°40′42″			
4	55°40′46″			

（7）对某段距离，用测距仪测定其水平距离 4 次，观测值列于表 1-2。计算其算术平均值、算术平均值的中误差及其相对中误差。

表 1-2　　**计算距离算术平均值和中误差**

次序	观测值 l/（m）	Δl/（mm）	改正值 v/（mm）	计算 $\bar{x}$，$m_{\bar{x}}$，$\frac{m_{\bar{x}}}{\bar{x}}$
1	346. 522			
2	346. 548			
3	346. 538			
4	346. 550			

(8) 在一个平面三角形中，观测其中两个水平角 α 和 β，其测角中误差均为 $\pm 20''$，计算第三个角 γ 及其中误差 m_γ。

(9) 量得一圆形地物的直径为 64.780m±5mm，求圆周长度 S 及其中误差 m_s。

(10) 某一矩形场地量得其长度 $a=156.34\text{m}\pm0.10\text{m}$，宽度 $b=85.27\text{m}\pm0.05\text{m}$，计算该矩形场地的面积 F 及其面积中误差 m_F。

(11) 已知三角形三个内角 α、β、γ 的中误差 $m_\alpha=m_\beta=m_\gamma=8.5''$，定义三角形角度闭合差为：$f=\alpha+\beta+\gamma-180°$，$\alpha'=\alpha-f/3$；求 $m_{\alpha'}$。

(12) 已知用 J6 经纬仪一测回测量角的中误差 $m_\beta=\pm8.5''$，采用多次测量取平均值的方法可以提高观测角精度，如需使所测角的中误差达到 $\pm6''$，问需要观测几测回？

(13) 已知 $h=D\sin\alpha+i-v$，$D=100\text{m}$，$\alpha=9°30'$；$m_D=5.0\text{mm}$，$m_\alpha=5.0''$，$m_i=m_v=1.0\text{mm}$，计算中误差 m_h。

(14) 何谓不等精度观测？何谓权？权有何实用意义？

(15) 设三角形三个内角 α、β、γ，已知 α、β 的权分别为 4、2，α 角的中误差为 $9''$，

① 根据 α、β 计算 γ 角，求 γ 角的权；

② 计算单位权中误差 μ；

③ 求 β、γ 角的中误差 m_β、m_γ。

四、水准测量和水准仪

(1) 简述水准测量的原理。

(2) 水准测量时，转点的作用是什么？

(3) 地球曲率和大气折光对水准测量有何影响？

(4) 水准仪由哪些主要部分构成？各起什么作用？

(5) 测量望远镜由哪些主要部分构成？各有什么作用？

(6) 何谓视准轴？

(7) 何谓视差？如何消除视差？

(8) 何谓水准管轴？何谓圆水准轴？何谓水准管的分划值？水准管的分划值与其灵敏度的关系如何？

(9) 自动安平水准仪的特点有哪些？其自动安平的原理是什么？

(10) 水准尺的种类有哪些？尺垫有何作用？

(11) 简述使用水准仪的基本操作步骤。

(12) 数字水准仪与水准管水准仪和自动安平水准仪的主要不同点是什么？

(13) 水准测量时为何要使前后视距离尽量相等？

(14) 水准测量的主要误差来源有哪些？

(15) 水准仪应满足哪些条件？

(16) 何谓水准仪的 i 角？试述 i 角检验的一种方法。

(17) A、B 两点相距 80m，水准仪置于 AB 中点，观测 A 尺上读数 $a=1.246\text{m}$，观测 B 尺上读数 $b=0.782\text{m}$；将水准仪移至 AB 延长线上的 C 点，BC 长为 10m，再观测 A 尺上读数 $a'=2.654\text{m}$，观测 B 尺上读数 $b'=2.278\text{m}$，试求：

① 该水准仪的 i 角值（精确至 $0.1''$）；

② 水准仪在 C 点时，A 尺上的正确读数（精确至 mm）。

（18）水准尺的检验工作有哪些？

（19）何谓水准仪的交叉误差？交叉误差对高差的影响是否可以用前后视距离相等的方法消除，为什么？

（20）进行水准测量时，设 A 为后视点，B 为前视点，后视水准尺读数 $a=1.124\text{m}$，前视水准尺读数 $b=1.428\text{m}$，问 A、B 两点的高差为多少？已知 A 点的高程为 20.016m，B 点的高程为多少？

五、角 度 测 量

（1）什么是水平角？简述水平角测量原理。

（2）什么是竖直角？简述竖直角测量原理。

（3）经纬仪由哪些主要部分组成？各有什么作用？

（4）经纬仪分哪几类？何谓光学经纬仪？何谓电子经纬仪？

（5）简述光学经纬仪度盘读数中测微器的原理。

（6）简述编码度盘测角系统的测角原理。

（7）简述光栅度盘测角系统的测角原理。

（8）安置经纬仪时，为什么要进行对中和整平？

（9）水平角观测方法有哪些？各适用于何种条件？

（10）试述方向法观测水平角的步骤。

（11）方向观测法中有哪些限差？

（12）何谓竖盘指标差？在观测中如何抵消指标差？

（13）角度观测为何要用正、倒镜观测？

（14）水平角观测的主要误差来源有哪些？如何消除或削弱其影响？

（15）经纬仪的主要轴线需要满足哪些条件？

（16）何谓经纬仪的横轴倾斜误差？说明其对水平方向的影响。

（17）何谓经纬仪的竖轴倾斜误差？说明其对水平方向的影响。

（18）如何进行经纬仪的常规检验和校正？

（19）三角高程测量的基本原理？

（20）远距离三角高程测量要进行哪些改正？

（21）试述三角高程测量的误差来源及其减弱措施。

六、距 离 测 量

（1）写出钢尺尺长方程式，说明各符号的意义。

（2）钢尺量距的成果整理步骤有哪些？

（3）试述视距法测距的基本原理。

（4）光电测距仪的基本原理是什么？光电测距成果整理时，要进行哪些改正？

（5）相位法光电测距仪为何要用多个测尺频率测距？

（6）相位法光电测距仪为何设置内光路？

(7) 试述光电测距的主要误差来源及其影响。
(8) 何谓光电测距的加常数和乘常数?
(9) 试述光电测距仪加常数简易测定方法。
(10) 试述用六段比较法测定光电测距仪加、乘常数的方法。

七、全站仪测量

(1) 何谓全站仪?其结构上具有哪些特点?
(2) 自动全站仪与普通全站仪的主要区别是什么?
(3) 试述自动全站仪自动目标识别与照准的过程。
(4) 试述自动全站仪进行多方向和多测回角度、距离测量的流程。
(5) 试述全站仪如何对水平度盘读数和垂直度盘读数进行改正。
(6) 全站仪在与掌上电脑数据传输时,采用异步串行通信,有哪些主要通信参数?

八、卫星定位系统

(1) 简述 GPS 全球定位系统的组成以及各部分的作用。
(2) 简述 GPS 卫星定位的原理及其优点。
(3) 何谓伪距单点定位?何谓载波相位相对定位?
(4) GPS 测量中有哪些误差来源?如何消除或削弱这些误差的影响?
(5) 试述实时动态(RTK)定位的工作原理。
(6) 试述网络 RTK 系统的组成以及各部分的作用。

九、平面控制测量

(1) 控制测量的目的是什么?
(2) 测量工作应遵循的组织原则是什么?
(3) 建立平面控制网的方法有那些?
(4) 何谓国家平面控制网?何谓城市平面控制网?
(5) 简述控制测量的一般作业步骤。
(6) 何谓坐标正、反算?试分别写出其计算公式。
(7) 何谓 GPS 同步观测环、异步观测环?
(8) 试述 GPS 控制网测量的观测步骤。
(9) 何谓导线测量?它有哪几种布设形式?试比较它们的优缺点。
(10) 何谓三联脚架法?它有何优点?简述其外业工作的作业程序。
(11) 试述导线测量内业计算的步骤?
(12) 图 1-3 所示为一附合导线,起算数据及观测数据如下:

起算数据:$x_B = 200.000\text{m}$ $x_C = 155.372\text{m}$ $\alpha_{AB} = 45°00'00''$
$y_B = 200.000\text{m}$ $y_C = 756.066\text{m}$ $\alpha_{CD} = 116°44'48''$

观测数据：$\beta_B = 120°30'00''$　$\beta_2 = 212°15'30''$　$\beta_3 = 145°10'00''$　$\beta_C = 170°18'30''$

$D_{B2} = 297.26\text{m}$　$D_{23} = 187.81\text{m}$　$D_{3C} = 93.40\text{m}$

① 试计算导线各点的坐标及导线全长相对闭合差。

② 若在导线两端已知点 B、C 上均未测连接角，试按无定向附合导线计算 P_2、P_3点的坐标。

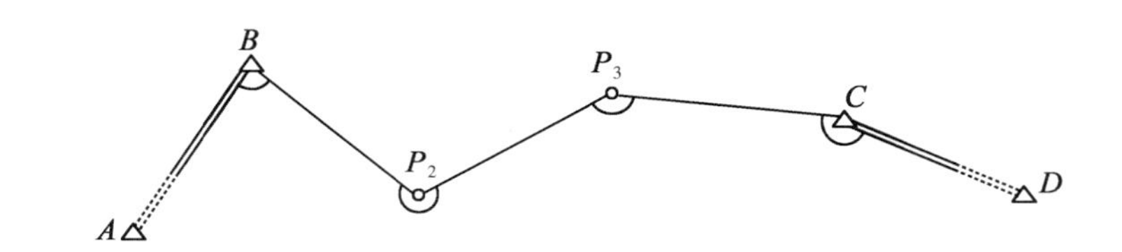

图 1-3　计算导线示意图

（13）图 1-4 所示为一直伸等边附合导线，其导线边长均为 300m，每条边的相对中误差为 1∶5000，测角中误差为±30″，试计算：

① 导线纵、横向闭合差的中误差；

② 导线全长闭合差的中误差以及导线最弱点的点位中误差。

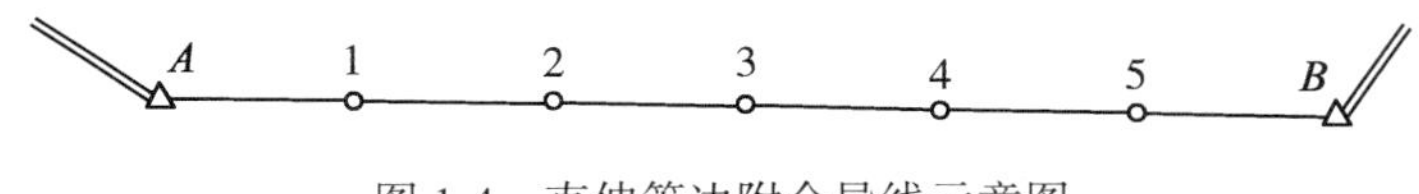

图 1-4　直伸等边附合导线示意图

（14）何谓前方交会？何谓后方交会？何谓危险圆？何谓测边交会？何谓自由设站？

（15）如图 1-5 所示为一前方交会示意图，试计算 P 的坐标。起算数据和观测数据分别记于表 1-3 和表 1-4 中。

表 1-3　**起 算 数 据**

点名	X（m）	Y（m）
A	3 646.35	1 054.54
B	3 873.96	1 772.68
C	4 538.45	1 862.57

表 1-4　**观 测 数 据**

角号	角值
α_1	64°03′30″
β_1	59°46′40″
α_2	55°30′36″
β_2	72°44′47″

（16）如图 1-6 所示，A、B 两点为已知点。试用前方交会计算交会点 P 的坐标。起算数据和观测数据见表 1-5 和表 1-6。

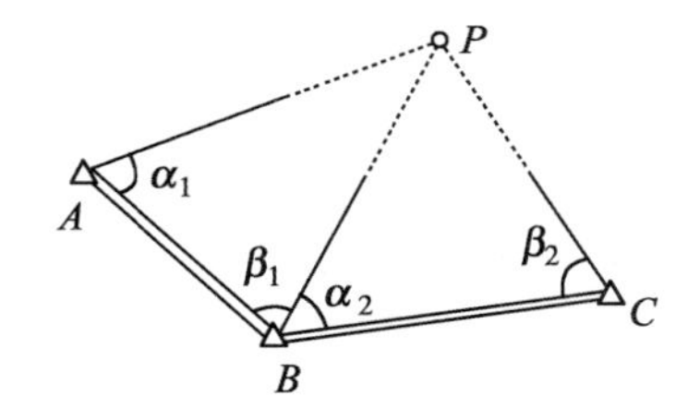

图 1-5　前方交会计算示意图一

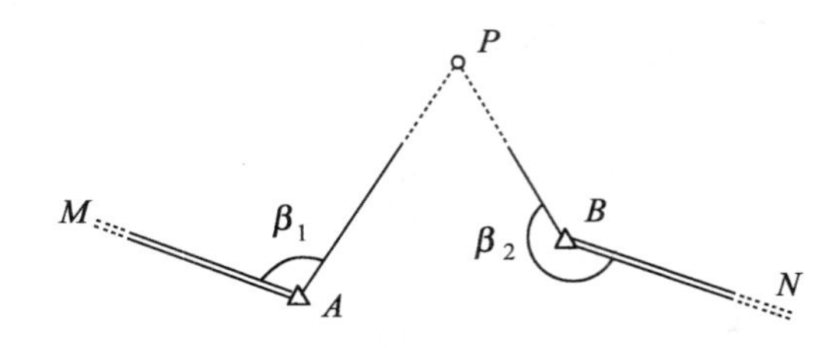

图 1-6　前方交会计算示意图二

表 1-5　**起 算 数 据**

点名	X（m）	Y（m）	坐标方位角
M			
			100°16′24″
A	847.63	954.48	
N			
			279°38′36″
B	959.78	1 741.18	

表 1-6　**观 测 数 据**

角号	角值
β_1	127°41′42″
β_2	224°08′18″

（17）试计算图 1-7 中后方交会点 P 的坐标。起算数据及观测数据见表 1-7 和表 1-8。

表 1-7　**起 算 数 据**

点名	X（m）	Y（m）
A	390.64	4988.00
B	3463.19	8081.48
C	291.84	7723.18

表 1-8　**观 测 数 据**

角号	角值
β_1	151°46′52″
β_2	76°57′10″

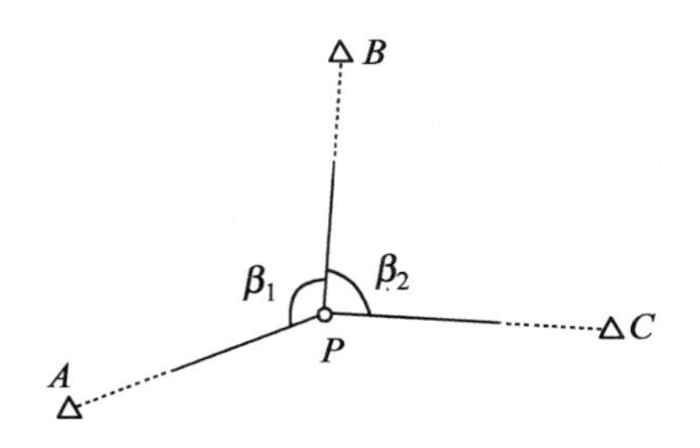

图 1-7　后方交会示意图

（18）试计算图 1-8 中 P 点的坐标。起算数据和观测数据见表 1-9 和表 1-10。

表 1-9　**起 算 数 据**

点名	X（m）	Y（m）
A	7520.17	6604.88
B	5903.01	8119.56

表 1-10　**观 测 数 据**

角号	角值
α	44°46′36″
β	86°04′05″
γ	49°09′10″

（19）试计算图 1-9 测边交会中 P 点的坐标。起算数据和观测数据见表 1-11 和表 1-12。

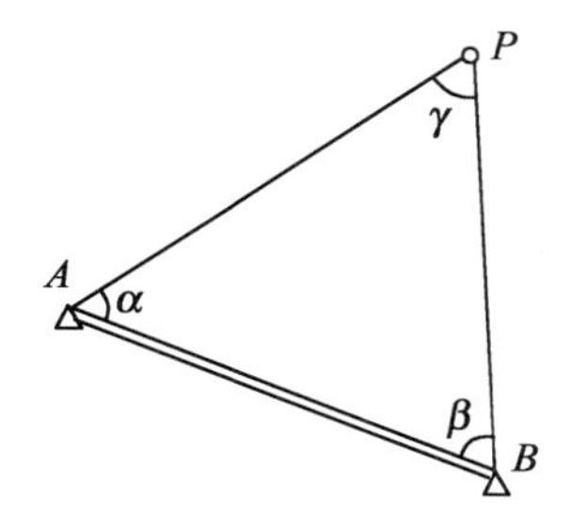

图 1-8　三角形计算示意图

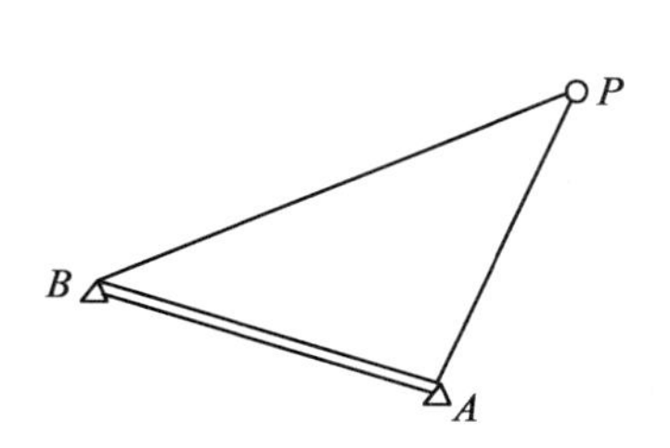

图 1-9　测边交会示意图

表 1-11　**起 算 数 据**

点名	X（m）	Y（m）
A	1864. 82	674. 50
B	2153. 44	267. 35

表 1-12　**观 测 数 据**

边号	边长（m）
S_{AP}	480. 98
S_{BP}	657. 29

十、高程控制测量

（1）高程控制测量的主要方法有哪些？各有何优缺点？

（2）水准测量路线的布设形式有哪些？

（3）图 1-10 所示为一条附合水准路线，起算数据及观测数据见表 1-13。试计算各水准点的高程。

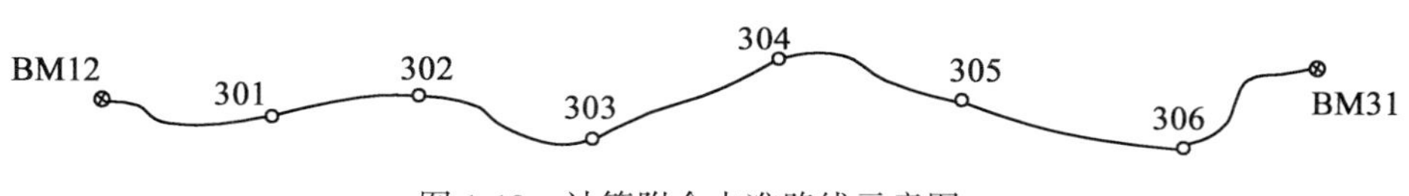

图 1-10　计算附合水准路线示意图

表 1-13　**附合水准路线**

点名	距离（km）	高差（m）	高程（m）
BM12			73. 702
	0. 36	+2. 864	
301			
	0. 30	+0. 061	
302			
	0. 48	+6. 761	
303			
	0. 32	−4. 031	
304			
	0. 30	−1. 084	
305			
	0. 26	−2. 960	
306			
	0. 20	+1. 040	
BM31			76. 365

（4）某测区欲布设一条附合水准路线，当每公里观测高差的中误差为5mm，今欲使在附合水准路线的中点处的高程中误差 $m_H \leqslant 10$mm，问该水准路线的总长度不能超过多少？

（5）如图1-11所示，由5条同精度观测水准路线测定 G 点的高程，观测结果见表1-14。若以10 km长路线的观测高差为单位权观测值，试求：

① G 点高程最或然值；

② 单位权中误差；

③ G 点高程最或然值的中误差；

④ 每千米观测高差的中误差。

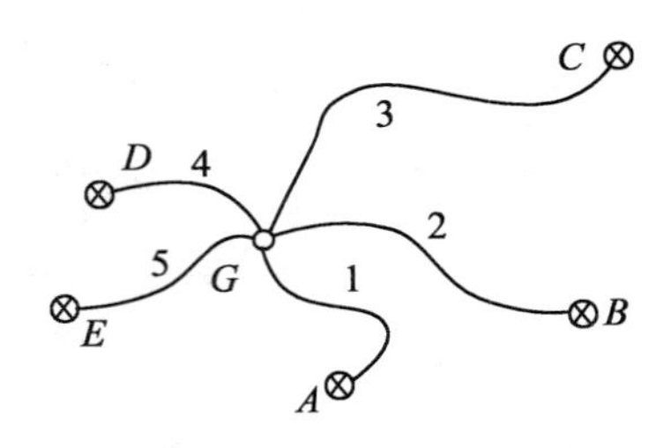

图1-11　单节点水准网计算示意图

表1-14　**水准路线观测高程和路线长**

水准路线号	观测高程（m）	路线长（km）
1	112.814	2.5
2	112.807	4.0
3	112.802	5.0
4	112.817	0.5
5	112.816	1.0

（6）简述精密三角高程使测量精度得到提高采取的测量方法。

（7）简述测距三角高程法进行跨河水准测量的作业过程。

十一、数字地形图成图基础

（1）何谓碎部测量？碎部测图的方法有哪些？

（2）简述经纬仪测图法在一个测站上测绘地形图的作业步骤。

（3）地面数字测图与图解测图相比有何特点？

（4）1∶1000比例尺地形图图幅左下角坐标（199500，131500），右上角坐标（200000，132000），图幅内有一 P 点（199725.53，131816.48）。当该图幅在计算机屏幕上显示时，设屏幕区域（1024×768），图幅 X 方向占满屏幕高度，图幅左下角和屏幕左下角重合，试求 P 点的计算机屏幕坐标。

（5）何谓编码裁剪法？如何判断某一线段全部位于窗口内或全部位于窗口外？

（6）1∶1000 比例尺地形图图幅左下角坐标（199500，131500），右上角坐标（200000，132000）。有一线段 AB，A 点坐标（199920.36，131535.66），B 点坐标（200050.16，131465.56）。试求该线段经裁剪后在图幅内的端点坐标。

（7）简述在计算机地图绘图中，如何建立地形图独立符号库。

（8）试述地物符号自动绘制中，绘制虚线的方法。

（9）试述地物符号自动绘制中，在多边形轮廓线内绘制晕线的步骤。

（10）计算机是如何根据一系列特征点自动绘制曲线的。何谓张力样条曲线。

（11）实地圆弧用一组等边短直段来逼近，如果要求在 1∶500 比例尺地形图上最大误差小于 0.05mm，试写出圆周分段数和半径（单位：mm）之间的关系式。

（12）根据离散点自动绘制等高线通常采用哪两种方法？试述这两种方法绘制等高线的步骤。

（13）三角网法绘制等高线，在三角形构网时为什么要引入地性线？试绘出构网高程点图示说明。

（14）试绘出图 1-12 所示二值栅格图像先向左平移一个像元，再向下平移一个像元后的图像。

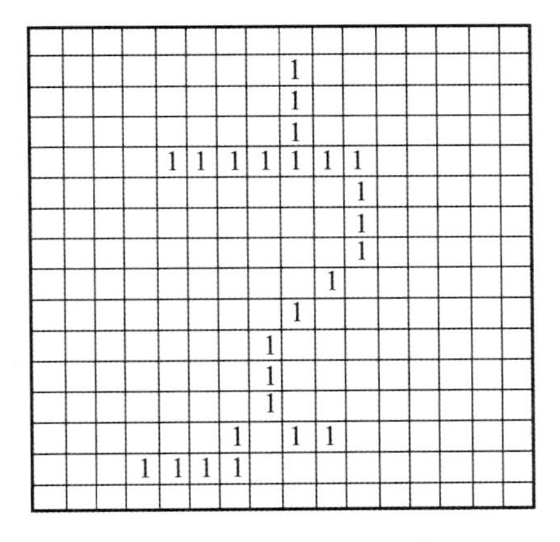

图 1-12　二值栅格图像

（15）如何用数字来表示数字图像？

（16）何谓摄影的像片比例尺？

（17）何谓影像的内方位元素和外方位元素？

（18）何谓立体像对的相对定向和绝对定位？

（19）何谓影像匹配？

十二、大比例尺数字地形图测绘

（1）简述大比例尺数字测图技术设计书的主要内容。

（2）大比例尺数字测图中，图根控制测量有什么作用？采用哪些方法进行图根控制测量？

（3）试述全站仪测定碎部点的基本方法。

（4）何谓地物？在地形图上表示地物的原则是什么？

（5）何谓地性线和地貌特征点？

（6）按图 1-13 中各碎部点的高程，内插勾绘等高距为 1m 的等高线。

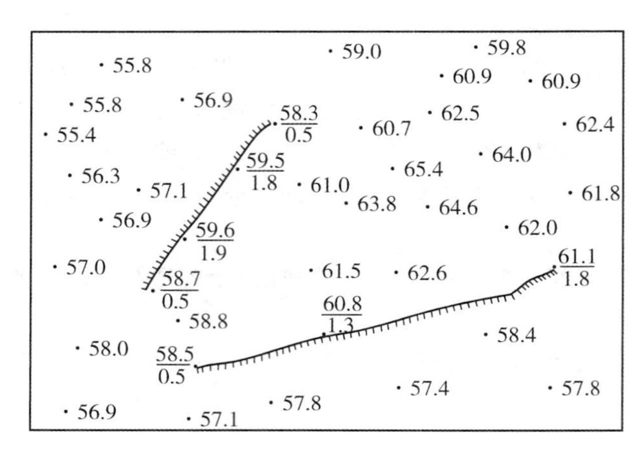

图 1-13　按碎部点高程内插勾绘等高线

（7）按图 1-14 中各碎部点的高程，内插勾绘等高距为 1m 的等高线。图中实线表示山脊线，虚线表示山谷线。

（8）简述大比例尺数字测图野外数据采集的模式。

（9）大比例尺数字测图野外数据采集需要得到哪些数据和信息？

（10）什么是数字测图的图形信息码？在数字测图野外数据采集过程中如何记录图形信息码？

（11）图形文件由坐标文件、图块点链文件和图块索引文件构成，试说明它们的内容以及之间的联系。

（12）计算机屏幕编辑时，如何平移注记？

（13）简述大比例尺数字地形图的基本要求。

（14）如何检查大比例尺数字地形图的平面和高程精度？

（15）简述大比例尺数字地形图的检查验收过程。

（16）简述地面三维激光扫描仪的测量原理。

（17）何谓地面三维激光扫描仪的点云数据？

（18）简述地面三维激光扫描仪地形测量过程。

（19）简述数字摄影地形测量中外业控制测量和空中三角测量的关系。

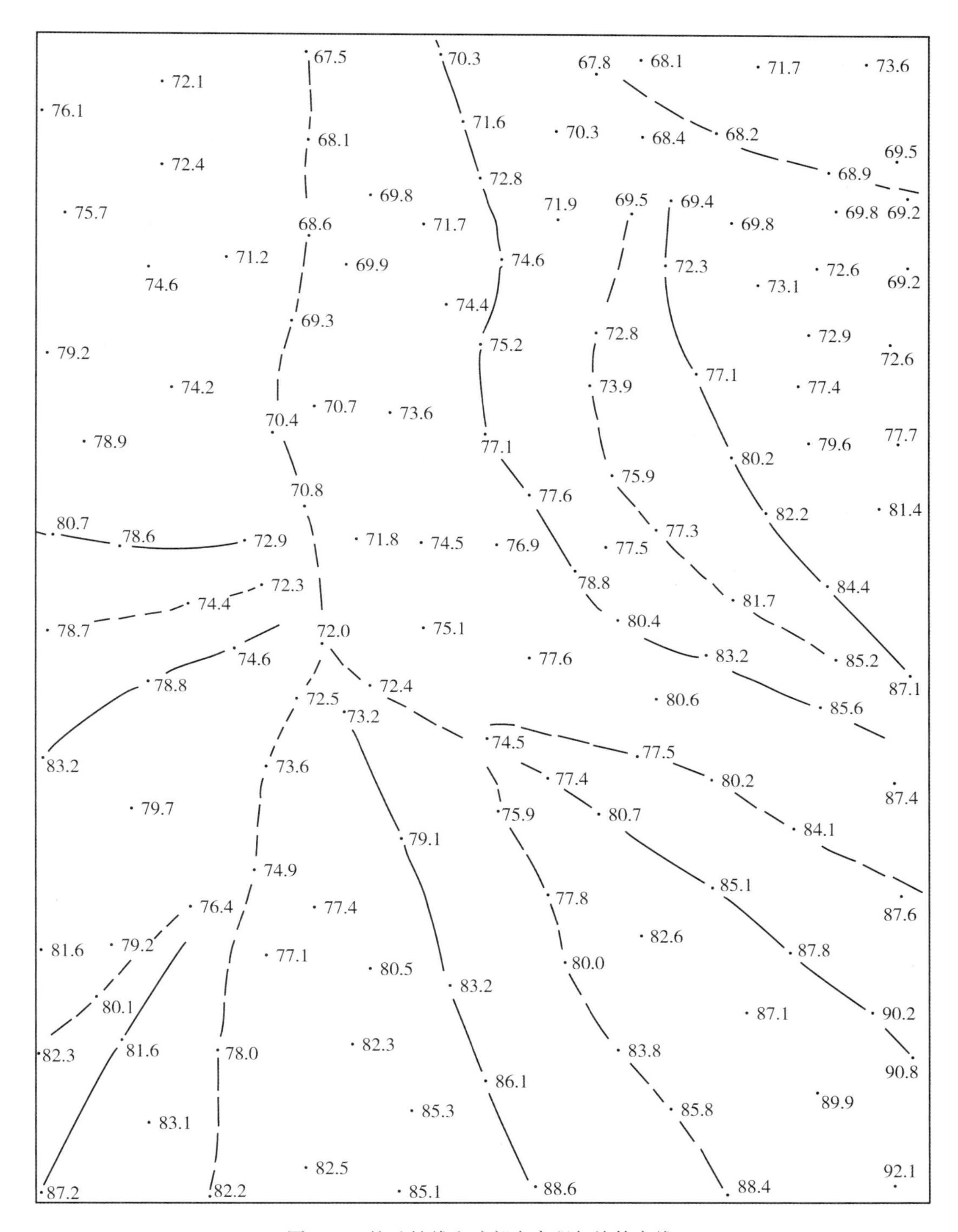

图 1-14　按地性线和碎部点高程勾绘等高线

十三、地形图的应用

（1）怎样根据等高线确定地面点的高程？

（2）怎样绘制已知方向的断面图？

（3）什么是数字高程模型？它有何特点？

（4）简述三角网转成格网 DEM 的方法。

（5）数字高程模型有哪些应用？

（6）图 1-15 所示为某幅 1：1000 地形图中的一个方格，试完成以下工作：

① 求 *A*、*B*、*C*、*D* 四点的坐标及 *AC* 直线的坐标方位角；

② 求 *A*、*D* 两点的高程及 *AD* 连线的平均坡度；

③ 沿 *AC* 方向绘制一纵断面图；

④ 用解析法计算四边形 *ABCD* 的面积。

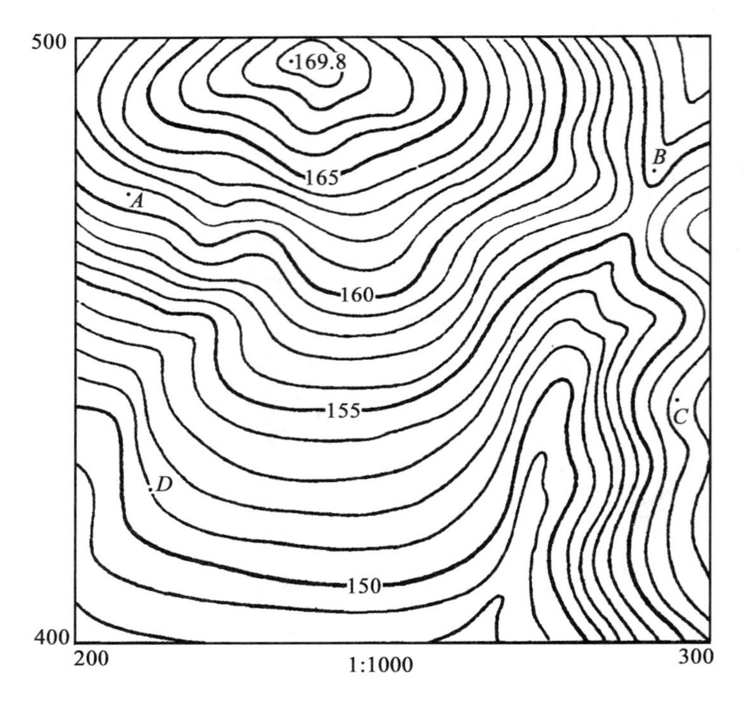

图 1-15　某幅 1：1000 地形图中的一个方格

（7）简述根据格网数字高程模型生成三维透视立体图的步骤。

十四、地籍图与房产图测绘

（1）对地籍图根控制有哪些特殊的规定？

（2）地籍界址点的精度如何？

（3）地籍调查的目的是什么？

（4）地籍测量包括哪些主要内容？

（5）何谓宗地？宗地及其界址点编号的基本方法是什么？

（6）如何进行宗地编号？

（7）测定界址点有哪些常用的方法？

（8）何谓地籍图？地籍图应包括哪些主要内容？

（9）简述我国现行的土地分类体系。

（10）宗地图与宗地草图有哪些区别？

（11）地籍测量与地形测量有哪些主要的区别？

（12）房产调查的目的和内容是什么？

（13）房产图有哪几种？各种图应包括哪些主要内容？

（14）房屋建筑面积量算有哪些具体规定？

（15）已知某宗地各顶点的坐标（如图 1-16 所示，单位：m），试计算该宗地的面积和面积中误差（假定测定界址点的点位中误差为 50mm）。

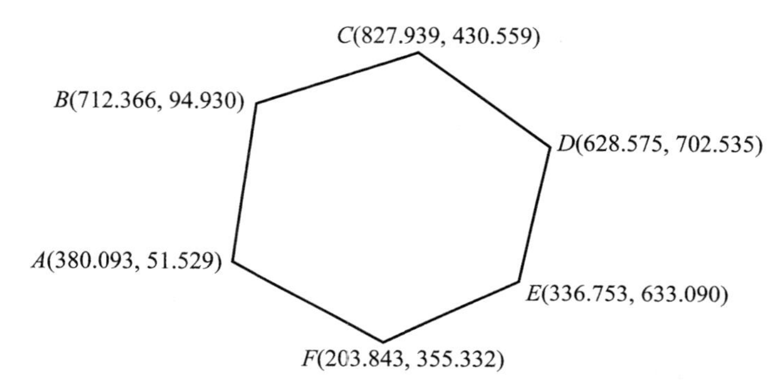

图 1-16　宗地面积计算示意图

（16）变更地籍调查与初始地籍调查有何区别？

第二部分　实　验

一、实验课的一般要求

（一）上课须知

1. 准备工作

（1）上课前应阅读本书中相应的部分，明确实验的内容和要求。

（2）根据实验内容阅读教材中的有关章节，弄清基本概念和方法，以便实验能顺利完成。

（3）按本书中的要求，于上课前准备好必备的工具，如铅笔、小刀等。

2. 要求

（1）遵守课堂纪律，注意聆听指导教师的讲解。

（2）实验中的具体操作应按任务书的规定进行，如遇问题要及时向指导教师提出。

（3）实验中出现的仪器故障必须及时向指导教师报告，不可随意自行处理。

（二）仪器及工具借用办法

（1）每次实验所需仪器及工具均在任务书上载明，学生应以小组为单位在上课前，凭学生证向实验室借领。

（2）在领取仪器时，各组依次由1~2人进入室内，在指定地点清点、检查仪器和工具，然后在登记表上填写班级、组号及日期。借领人签名后将登记表及学生证交管理人员。

（3）实习过程中，各组应妥善保护仪器、工具，并且设有专人管理仪器，各组间不得任意调换仪器、工具，做到专人管理，专人使用。若有损坏或遗失，视情节照章处理。

（4）实习完毕后，应将所借用的仪器、工具上的泥土清扫干净再交还实验室，由管理人员检查验收后发还学生证。

（三）测量仪器、工具的正确使用和维护

1. 领取仪器时必须检查

（1）仪器箱盖是否关妥、锁好。

（2）背带、提手是否牢固。

（3）脚架与仪器是否相配；脚架的各部分是否完好；脚架腿伸缩处的连接螺旋是否滑丝；要防止因脚架未架稳而摔坏仪器，或因脚架不稳而影响作业。

（4）领取仪器后不要急于开始测量工作，要对仪器测量的精度是否在规定范围内进

行检查。如若超限要及时与管理人员联系调换。

（5）搬运仪器工具时，应轻拿轻放，避免剧烈震动和碰撞。

2. 打开仪器箱时的注意事项

（1）仪器箱应平放在地面上或其他台子上才能开箱，不要托在手上或抱在怀里开箱，以免将仪器摔坏。

（2）开箱后未取出仪器前，要注意仪器安放的位置与方向，以免用毕装箱时因安放位置不正确而损伤仪器。

（3）开箱后要检查仪器箱中的仪器及相关物品，要清点其数目和类别，以防丢失。

3. 自箱内取出仪器时的注意事项

（1）不论何种仪器，在取出前一定要先放松制动螺旋，以免取出仪器时因强行扭转而损坏制、微动装置，甚至损坏轴系。

（2）自箱内取出仪器时，应注意先松开制动螺旋，再用双手握住支架或基座轻轻取出仪器，放在三脚架上，保持一手握住仪器，一手去拧连接螺旋，轻拿轻放，不能用一只手抓仪器，最后旋紧连接螺旋使仪器与脚架连接牢固。

（3）自箱内取出仪器后，要随即将仪器箱盖好，以免沙土、杂草等不洁之物进入箱内，还要防止搬动仪器时丢失附件。仪器箱上严禁坐人。

（4）在取仪器和使用过程中，要注意避免触摸仪器的目镜、物镜，以免玷污，影响成像质量。不允许用手指或手帕等物去擦仪器的目镜、物镜等光学部分。

4. 架设仪器时的注意事项

（1）测量仪器使用时，应采取有效措施，达到其要求的环境条件，条件不具备时，不得架设、使用仪器。

（2）伸缩式脚架三条腿抽出后，要把固定螺旋拧紧，要防止因螺旋未拧紧而使脚架自行收缩而摔坏仪器。但不可用力过猛而造成螺旋滑丝。

（3）架设脚架时，根据自己的身高情况架设仪器并且三条腿分开的跨度要适中，太低或并得太靠拢容易被碰倒；太高或分得太开会在对中整平时造成不必要的误差或容易滑开，都会造成事故。若在斜坡上架设仪器，应使两条腿在坡下（可稍放长），一条腿在坡上（可稍缩短）。若在光滑地面上架设仪器，要采取安全措施（如用细绳将脚架三条腿连接起来），防止脚架滑动摔坏仪器。若在土质较松的地方架设仪器，要将架腿踩实，以防由于架腿不稳而摔坏仪器或仪器下沉。

（4）在脚架安放稳妥并使其大致水平，最后再将仪器放到脚架上后，应一手握住仪器，另一手立即旋紧仪器和脚架之间的中心连接螺旋，避免仪器从脚架上掉下摔坏。

（5）仪器箱一般不能承重，因此，严禁蹬、坐在仪器箱上。

5. 仪器在使用过程中的注意事项

（1）在阳光下观测应撑伞，防止日晒和雨淋（包括仪器箱），特别注意雨天应禁止观测。

（2）任何时候，仪器必须有人守护。禁止无关人员拨弄仪器，注意防止行人、车辆碰撞仪器。在光滑地面上安置仪器时，尤其要注意脚架打滑的问题。

（3）如遇目镜、物镜外表面蒙上水汽而影响观测（在冬季较常见），应稍等一会或用纸片扇风使水汽散发。如镜头上有灰尘应用仪器箱中的软毛刷拂去，严禁用手帕或其他纸张擦拭，以免擦伤镜面。观测结束应及时套上物镜盖。

（4）操作仪器时，用力要均匀，动作要准确、轻捷。制动螺旋不宜拧得过紧，微动螺旋和脚螺旋宜使用中段螺纹，用力过大或动作太猛都会造成对仪器的损伤。

（5）转动仪器时，应先松开制动螺旋，然后平稳转动。使用微动螺旋时，应先旋紧制动螺旋。动作要准确、轻捷，用力要均匀。

（6）对于全站仪和一些电子类仪器要注意保护其电池，例如，在使用全站仪时当其电池没电时要及时更换电池，同时也要存储数据，最后在完成测量工作之后对电池及时充电并将当天的测量数据及时导出，以防数据遗失。

（7）由于电子类仪器属于高精度仪器，一定要保护其机身和外表的完好，同时要经常对仪器进行清洁和检测。

（8）对于测距仪、电子水准仪、全站仪等电子测量仪器，在野外更换电池时，应先关闭仪器的电源。装箱之前，也必须先关闭电源，才能装箱。

6. 仪器携带以及迁站时的注意事项

（1）携带测量仪器乘车必须将仪器箱或者仪器放在座位上，或者由专人怀抱，不得无人监管使其受震。

（2）在远距离迁站或通过行走不便的地区时，必须将仪器装箱后再迁站。

（3）在近距离且平坦地区迁站时，可将仪器连同三脚架一起搬迁。首先检查连接螺旋是否旋紧，松开各制动螺旋，再将三脚架腿收拢，然后一手托住仪器的支架或基座，一手抱住脚架，稳步行走，防止摔坏仪器。严禁将仪器横扛在肩上搬迁。

（4）携带及迁站时，要清点所有的仪器和工具，防止丢失。

7. 仪器装箱时的注意事项

（1）仪器使用完毕，应及时盖上物镜盖。清除仪器表面的灰尘和仪器箱、脚架上的泥土。

（2）仪器装箱前，要先松开各制动螺旋，将脚螺旋调至中段，使脚螺旋大致等高。然后一手握住仪器支架或基座，另一手将中心连接螺旋旋开，双手将仪器从脚架上取下放入仪器箱内。

（3）仪器装入箱内要试盖一下，若箱盖不能合上，说明仪器未正确放置，应重新放置，严禁强压箱盖，以免损坏仪器。在确认安放正确后再将各制动螺旋略为旋紧，防止仪器在箱内自由转动而损坏某些部件。

（4）测量工作完成后应清点箱内附件，若无缺失则将箱盖盖上，扣好搭扣，上锁。

8. 测量工具的使用

（1）使用钢尺时，应防止扭曲、打结，防止行人踩踏或车辆碾压，以免折断钢尺；用钢尺测量时，应均匀用力，不可生拉硬拽，以免将钢尺弄断或不能正常收回；拉尺行走时，不得沿地面拖拽，以免钢尺面磨损。使用完毕，应将钢尺擦净收好。

（2）使用皮尺时应避免沾水，若受水浸，应凉干后再卷入皮尺盒内；利用卷尺测量时，不可生拉硬拽，应掌握好用力的度，轻微用力；收卷皮尺时，切忌扭转卷入。

（3）水准尺和花杆，应注意防止受横向压力，不得将水准尺或花杆斜靠在墙上、树上或电线杆上，以防倒下摔断；不得用水准尺打闹嬉戏，以防折断或使水准尺面的刻度产生刮蹭，也不允许在地面上拖拽或用花杆作标枪投掷。

（4）对于小件工具如垂球、尺垫等，应用完即收，防止遗失。

（四）测量资料的记录要求

（1）观测记录必须直接填写在规定的表格内，不得用其他纸张记录再转抄。

（2）凡记录表格上规定填写的项目应如实填写齐全，不得留空。

（3）所有记录与计算均用铅笔（2H 或 3H）记载。字体应端正清晰，字高应稍大于格子的一半。一旦记录中出现错误，便可在留出的空隙处对错误的数字进行更正。

（4）观测者读数后，记录者应立即回报读数，经确认后再记录，以防听错、记错。

（5）禁止擦拭、涂改与挖补。发现错误应在错误处用横线划去，将正确数字写在原数上方，不得使原字模糊不清。淘汰某整个数据部分时可用斜线划去，保持被淘汰的数字仍然清晰。所有记录的修改和观测成果的淘汰，均应在备注栏内注明原因（如测错、记错或超限等）。

（6）禁止连环更改，若已修改了平均数，则不准再改计算得此平均数之任何一原始数。若已改正一个原始读数，则不准再改其平均数。假如两个读数均错误，则应重测重记。

（7）读数和记录数据的位数应齐全。如在普通测量中，水准尺读数“0325”；度盘读数“4°03′06″”，其中的“0”均不能省略。

（8）数据计算时，应根据所取的位数，按“4 舍 6 入，5 前单进双不进”的规则进行凑整。如 1. 3144，1. 3136，1. 3145，1. 3135 等数，若取三位小数，则均记为 1. 314。

（9）每测站观测结束，应在现场完成计算和检核，确认合格后方可迁站。实验结束，应按规定每人或每组提交一份记录手簿或实验报告。

（10）对于一些测量工作中，若测量数据不能形象的描述地物之间的关系要在测量过程中描绘草图。画草图时，可以每 30 到 50 个点时进行一次对点从而使其与仪器中对应的点号一一对应，辅助测量数据完成电子成图。

二、水准仪的认识及使用

（一）目的

（1）认识 DS3 微倾式水准仪的基本构造，各操作部件的名称和作用，并熟悉使用方法。

（2）掌握 DS3 水准仪的安置、瞄准和读数方法。

（3）练习水准测量一测站的测量、记录和高差计算。

（4）了解自动安平水准仪的性能及使用方法。

（5）了解电子水准仪的基本构造及性能。认识各操作键的名称及其功能。

（6）练习用电子水准仪进行水准测量的基本操作方法。

（二）组织

每组 4~5 人。

（三）学时

2 学时。

（四）仪器及用具

每组借 DS3 微倾式水准仪（或电子水准仪）1 台，水准尺 1 对，尺垫 2 个，记录板 1 块，测伞 1 把。

（五）实验步骤

1. 认识 DS3 微倾式水准仪

了解各操作部件的名称和作用，并熟悉使用方法。

2. DS3 水准仪的使用

水准仪的操作程序为：安置仪器—粗略整平—瞄准水准尺—精确置平—读数。

（1）安置仪器。

在测站上打开三脚架，按观测者的身高调节三脚架腿的高度，使三脚架架头大致水平，如果地面比较松软则应将三脚架的三个脚尖踩实；如果在斜坡上架设仪器，应使两条腿在坡下（可稍放长），一条腿在坡上（可稍缩短）；若在光滑地面上架设仪器，要采取安全措施，以防水准仪从架腿上摔下而损坏。然后将水准仪从箱中取出平稳地安放在三脚架头上，一手握住仪器，一手立即用连接螺旋将仪器固连在三脚架头上。

（2）粗平。

粗平即初步地整平仪器，通过调节三个脚螺旋使圆水准器气泡居中，从而使仪器的竖轴大致铅垂。在整平的过程中，气泡移动的方向与左手大拇指转动脚螺旋时的移动方向一致。如果地面较坚实，可先练习固定三脚架两条腿，移动第三条腿使圆水准器气泡大致居中，然后再调节脚螺旋使圆水准器气泡居中。若一次不能居中，可反复进行。

（3）瞄准水准尺。

①目镜调焦：将望远镜对着明亮的背景（如天空或白色明亮物体），转动目镜调焦螺旋，使望远镜内的十字丝像十分清晰。

②初步瞄准：松开制动螺旋，转动望远镜，用望远镜筒上方的照门和准星瞄准水准尺，大致进行物镜调焦使在望远镜内看到水准尺像，此时应立即拧紧制动螺旋。

③物镜调焦和精确瞄准：转动物镜调焦螺旋进行仔细调焦，使水准尺的分划像十分清晰，并注意消除视差。即在目镜前上下晃动眼睛并观察，若眼睛向上移动时，十字丝向下移动，此时只需将目镜稍微移出来一点即可；反之，则把目镜稍微移进去一点，反复多次，直至目标像与十字丝之间无相对移动即可。再转动水平微动螺旋，使十字丝的竖丝对准水准尺或靠近水准尺的一侧。

（4）精平。

转动微倾螺旋，从气泡观察窗内看到符合水准器气泡两端影像严密吻合（气泡居中），此时视线即为水平视线。注意微倾螺旋转动方向与符合水准器气泡左侧影像移动的规律。

（5）读数与计算。

仪器精平后，应立即用十字丝的中丝在水准尺上读数。观测者应先估读水准尺上毫米数（小于一格的估值），然后再将全部读数报出，一般应读出四位数，即米、分米、厘米及毫米数，且以毫米为单位。如 1.568m 应读记为 1568；0.860m 应读记为 0860。

读数应迅速、果断、准确，读数后应立即重新检视符合水准器气泡是否仍旧居中，如仍居中，则读数有效，否则应重新使符合水准气泡居中后再读数。

利用公式计算前后视距、前后视距差和高差，若前后视距差超限应根据其大小调整仪器的位置，反之则继续开始测量。

3. 一测站上水准测量练习

在地面选定两点分别作为后视点和前视点，放上尺垫并立尺，在距两尺距离大致相等处安置水准仪，粗平，瞄准后视尺，精平后读数；再瞄准前视尺，精平后读数。数据记录、计算应填入记录表中。

轮换一人变换仪器高再进行观测，小组各成员所测高差之差不得超过±6mm。若超限应及时重测。

4. 自动安平水准仪的认识及使用

自动安平水准仪没有水准管和微倾螺旋。在圆水准器粗平后，借助自动补偿器的作用可迅速获得水平视线的读数。操作简便，可防止微倾式水准仪在操作中忘记精平的失误。特别注意有的自动安平水准仪配有一个键或自动安平钮，每次读数前应按一下键或按一下按钮才能读数，否则补偿器不能起作用。

（1）掌握自动安平水准仪的基本构造、各部件及调节螺旋的名称和作用。

（2）掌握自动安平水准仪操作方法。

（3）练习普通水准测量两个测站的观测、记录与计算方法。

5. 数字水准仪的认识及使用

数字水准仪又名电子水准仪，是用于水准测量的电子仪器。它较传统的仪器具有读数客观、精度高、速度快和效率高等特点，可见它在测量中具有明显的优势。

（1）认识数字水准仪的基本构造及性能，了解各操作键的名称及其功能。

（2）练习数字水准仪的安置方法。

（3）在一个测站上，使用数字水准仪进行高差测量。

（六）注意事项

（1）“自动安平水准仪的认识及使用”可放在课后，由学生到实验中心借用自动安平水准仪，进行操作练习。

（2）测站设置的地方应坚实，若地面较松软时应将脚架踩实，防止碰动。前后视距要尽量相等，视线不宜过长（<100m），也不宜过短（>10m）。

（3）在读数前，注意消除视差；必须使符合水准器气泡居中（即微倾式水准仪水准管气泡两端影像符合）。

（4）注意倒像望远镜中水准尺图形与实际图形的变化。特别注意水准尺刻度线黑红面的差值。竖尺时水准尺要竖直，尺垫要踩实，在固定标志点不得使用尺垫。

（5）水准仪安放到三脚架上必须立即将中心连接螺旋旋紧，严防仪器从脚架上掉下摔坏。

（6）读数时准确，记录要工整，计算要无误，并及时进行校核计算。严格按照规定，误差超限必须重测。

（7）数字水准仪是一种精密仪器，使用时应遵守操作规程，注意仪器安全。

（8）使用数字水准仪时，应在有足够亮度的地方竖立条码标尺。若条码标尺被障碍物（如树枝）遮挡的总量少于 30%，仍可进行测量。

（9）装卸电池时，必须先关闭电源。

（七）上交资料

各组读数练习记录表一份（见附表 1）。

三、普通水准测量

（一）目的

（1）学习用 DS3 水准仪作普通水准测量的实际作业方法。

（2）掌握普通水准测量一个测站的工作程序和一条水准路线的施测方法。

（3）掌握普通水准测量手簿的记录及水准路线闭合差的计算方法。

（二）组织

每组 4~5 人。

（三）学时

2 学时。

（四）仪器及用具

每组借 DS3 水准仪 1 台，双面水准尺 1 对，尺垫 2 个，记录板 1 块，测伞 1 把。

（五）实验步骤

（1）由教师指定一已知水准点，选定一条闭合水准路线，其长度以安置 8 个测站为宜。一人观测、一人记录、两人立尺，施测两个测站后应轮换工作。

（2）普通水准测量施测程序如下：

① 以已知高程的水准点作为后视，在施测路线的前进方向上选取第一个立尺点（转点）作为前视点，水准仪置于距后、前视点距离大致相等的位置（用目估或步测），在后视点、前视点上分别竖立水准尺，转点上应放置尺垫，但是对于已知高程点和待求高程点不得放置尺垫，水准尺直接立在高程点上即可。

② 在测站上，观测员按一个测站上的操作程序进行观测，即安置—粗平—瞄准后视尺—精平—读数—瞄准前视尺—精平—读数（本次实验可只读水准尺黑面）。

观测员应快速准确的读数，之后记录员必须向观测员回报，经观测员默许后方可记入记录手簿（见附表 2），并立即计算高差。

以上为第一个测站的全部工作。

③ 第一站结束之后，记录员招呼后标尺员向前转移，并将仪器迁至第二测站。此时，第一测站的前视点便成为第二测站的后视点。

然后，依第一站相同的工作程序进行第二站的工作。依次沿水准路线方向施测直至回到起始水准点为止。

④ 计算闭合水准路线的高差闭合差，$f_h = \Sigma h_{ij}$，高差闭合差不应大于 $\pm 30\sqrt{n}$（mm），n 为测站数。超限应重测。

（六）注意事项

1. 扶尺

（1）扶尺员应认真将水准尺扶直，注意保持尺上圆气泡居中。各测站的前、后视距离应尽量相等，若累计前后视距差过大可根据前后视距调节仪器的位置。

（2）正确使用尺垫，尺垫只能放在转点处，已知水准点和待测点上不得放置尺垫。

（3）仪器未搬迁时，前、后视点上尺垫均不能移动。仪器搬迁时，记录员指挥后视扶尺员携尺和尺垫前进，但前视点上尺垫仍不得移动。这时前尺变为后尺，后尺变为前尺。

2. 观测

（1）观测前应认真按要求检校水准仪，检查水准尺。

（2）读数前注意消除视差，注意水准管气泡应居中。读数应迅速、果断、准确，特别应认真估读毫米数。

（3）同一测站，只能用脚螺旋整平圆水准器气泡居中一次（该测站返工重测应重新整平圆水准器）。

（4）若采用双面尺法，每一测站黑面读数加上该水准尺的零点注记与该红面读数之差不应超过 4mm；红面所测高差加或减 100mm 与黑面所测高差比较不应超过 6mm，最后再取两次高差的平均值作为该站测得的高差值。

（5）若采用两次仪器高法，应改变仪器高度 0. 1m 以上再测一次高差，要求两次测得的高差的差值的绝对值小于 6mm，最后获得的高差值为两次仪器高测得的高差值的平均值。

（6）晴好天气，仪器应打伞防晒，操作时应细心认真，做到“人不离开仪器”。

（7）只有当这一测站记录计算合格后方可搬站，短距离搬站时一手托住仪器，一手握住脚架稳步前行，长距离搬站时一起必须装箱携带。

3. 记录

（1）认真记录，边记录边复报数字，准确无误地记入记录手簿相应栏内，严禁伪造和转抄。

（2）字体要端正、清楚，不准连续涂改，不准用橡皮擦改，如要改正时应按照规定改正。

（3）每站应当场计算，检查符合要求后才能通知观测者搬站。

（七）上交资料

普通水准测量记录手簿一份（见附表 2）。

四、水准仪 i 角检验

（一）目的

（1）明确水准仪视准轴与水准轴之间的正确几何关系。
（2）明确 i 角误差对水准测量有何影响，并且理解如何克服 i 角误差对水准测量的效果。
（3）学会对水准仪的 i 角检验，加深对水准仪的 i 角理解。
（4）掌握 i 角的检验原理和方法，了解 i 角的校正方法。

（二）组织

每组 4~5 人。

（三）学时

2 学时。

（四）仪器和用具

DS3 水准仪（或电子水准仪）一台，脚架一副，标尺一对，尺垫 2 个，记录板 1 块，钢尺（皮尺）一个，测伞 1 把。

（五）实验步骤

（1）弄清水准仪各轴线应满足的条件，加深对水准仪 i 角的理解。
（2）检验 i 角原理及方法：
①检验 i 角的第一种方法
a. 检验
在较平坦的地方选定适当距离，例如相距 60~80m 的两个点 A、B，并用木桩钉入地面，或用尺垫代替。置水准仪于 A、B 的中间，使两端距离相等，如图 2-1（a）所示。此时测量的高差 h'_{AB} 是正确的，然后将水准仪置于两点的任一点附近，例如在 B 点附近，如图 2-1（b）所示。这时因距离不等，说明水准管轴不平行于视准轴，仪器需要校正。则水准仪受 i 角的影响，有

$$i = \frac{h''_{AB} - h'_{AB}}{S_A - S_B} \cdot \rho$$

式中，$\rho = 206265''$。规范规定，用于一、二等水准测量的仪器 i 角不得大于 15″；用于三、四等水准测量的仪器 i 角不得大于 20″，否则应进行校正。
因 A 点距仪器最远，i 角在读数上的影响最大。此时 i 角的读数影响为：

$$x_A = \frac{i}{\rho} \cdot S_A$$

b. 校正
有了 x_A 之值，即可对水准仪进行校正。校正工作应紧接着检验工作进行，即不要搬

动 B 点一端的仪器，先算出在 A 点标尺上的正确读数 a_2：

$$a_2 = a_2' - x_A$$

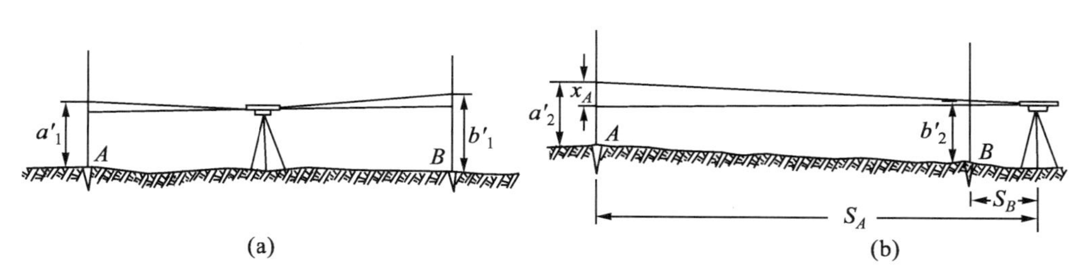

图 2-1　i 角检校方法之一

用微倾螺旋使读数对准 a_2，这时水准管气泡将不居中，调节上、下两个校正螺丝使气泡居中。实际操作时，需先将左（或右）边的螺丝（图 2-2）略微松开一些，使水准管能够活动，然后再校正上、下两螺丝。校正结束后仍应将左（或右）边的螺丝旋紧。

这种校正方法的实质是先将视线水平，即读数对准 a_2，然后校正水准轴至水平位置。检验校正应反复进行，直到符合要求为止。

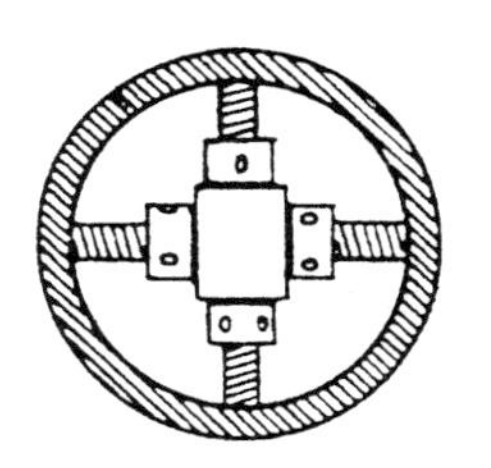

图 2-2　水准管校正螺丝

②检验 i 角的第二种方法

a. 检验

如图 2-3（a）所示，将仪器置于 AB 延长线上 A 点一端，得 A、B 两点的第一次高差 h'_{AB}（$h'_{AB} = a'_1 - b'_1$）；然后将仪器置于 AB 延长线 B 点一端，如图 2-3（b）所示，得 A、B 两点的第二次高差 h''_{AB}（$h''_{AB} = a'_2 - b'_2$）。两次测量的高差都有 i 角的影响，则

$$h''_{AB} - \frac{i}{\rho}(S''_A - S''_B) = h'_{AB} - \frac{i}{\rho}(S'_A - S'_B)$$

$$i = \frac{h''_{AB} - h'_{AB}}{(S''_A - S''_B) - (S'_A - S'_B)} \cdot \rho$$

两次仪器位置距水准尺的距离差相等，即

$$S_{AB} = S''_A - S''_B = -(S'_A - S'_B)$$

则

$$i = \frac{h''_{AB} - h'_{AB}}{2S_{AB}} \cdot \rho$$

为了下一步的校正工作，应求出较远一点尺子上的正确读数，若仪器在 B 点一端，

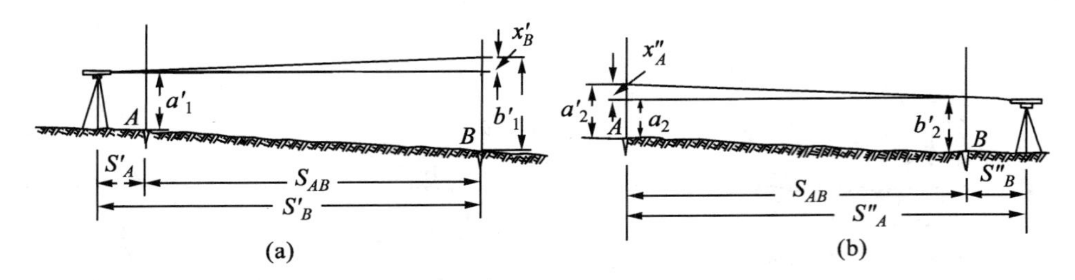

图 2-3　i 角检校方法之二

则 A 点尺上的读数误差为：

$$x''_A = \frac{i}{\rho} \cdot S''_A$$

故正确读数为：

$$a_2 = a'_2 - x''_A$$

若仪器在 A 点一端，则 B 点尺上的读数为：

$$x'_B = \frac{i}{\rho} S'_B$$

故正确读数为：

$$b_1 = b'_1 - x'_B$$

b. 校正

首先算出在远处标尺上的正确读数。仪器在 B 点一端，A 点尺上的正确读数为：

$$a_2 = a'_2 - x''_A$$

仪器在 A 点一端，B 点尺上的正确读数为：

$$b_1 = b'_1 - x'_B$$

用微倾螺旋使读数对准正确数值，仪器在 B 点一端，A 点尺上的读数为 a_2，若仪器在 A 点一端，则 B 点尺上的读数为 b_1，然后用水准管上、下校正螺丝将气泡居中。

（六）注意事项

（1）第一种方法的第一步一定要将仪器安置在 A、B 两点中间，可以借助钢尺或皮尺量取，获得仪器架设的准确点位。

（2）检验、校正项目要按规定的顺序进行，不能任意颠倒。在确认检验数据无误后，才能进行校正。每次校正结束时，要旋紧各校正螺丝。

（3）注意保护标尺尺面及底面，正确使用扶尺环扶标尺。

（4）注意第一种方法和第二种方法的前提条件，第一种方法较为简单便于实施并且适应于仪器存在较大的 i 角，而第二种方法只适应于较小的 i 角。

（5）校正水准仪的改正螺旋时，要先松开一个改正螺旋，拧紧另一个改正螺旋，不可将上下两个改正螺旋同时拧紧或松开。

（6）记录时要认真仔细，最后按照公式计算 i 角即可，根据规范若 i 角过大应及时校正，以防其对将来的测量结果产生影响。

（7）为避免计算出错，计算过程中要注意单位的统一。

（七）上交资料

每组上交一份水准仪 i 角检验与校正记录（见附表3）。

五、经纬仪的认识及使用

（一）目的

（1）认识 DJ6、DJ2 光学经纬仪的基本结构及主要部件的名称和作用。
（2）掌握 DJ6、DJ2 光学经纬仪的基本操作和读数方法。

（二）组织

每组 2~3 人。

（三）学时

4 学时。

（四）仪器及工具

每组借 DJ6（或 DJ2）光学经纬仪 1 套，记录板 1 块，测伞 1 把，自备铅笔。

（五）实验步骤

（1）DJ6 光学经纬仪的认识及使用。
① 认识 DJ6 光学经纬仪的各操作部件，掌握使用方法。
② 学会用脚螺旋及水准管整平仪器。
③ 在一个指定点上，练习用光学对中器对中、整平经纬仪的方法。
④ 练习用望远镜精确瞄准目标。掌握正确调焦方法，消除视差。
⑤ 练习 DJ6 光学经纬仪的读数方法，并将度盘读数记录于附表 5 中。
⑥ 练习配置水平度盘的方法。
（2）DJ2 光学经纬仪的认识及使用。
① 认识 DJ2 光学经纬仪的构造和各部件的名称、作用。
② 练习 DJ2 光学经纬仪的安置方法，掌握用光学对中器对中、整平经纬仪的方法。
③ 练习用 DJ2 光学经纬仪精确照准目标。掌握正确调焦方法，消除视差。
④ 练习 DJ2 光学经纬仪的重合法读数方法，两次重合读数差不得大于 3″。读数记录于附表 5 中。
⑤ 练习 DJ2 光学经纬仪配置水平度盘的方法。
⑥ 利用换像手轮使读数窗内出现竖盘影像，按一下支架上的补偿器按钮后，读出竖盘读数。

（六）注意事项

（1）将经纬仪由箱中取出并安放到三脚架上时，必须是一只手拿住经纬仪的一个支架，另一只手托住基座的底部，并立即旋紧中心连接螺旋，严防仪器从脚架上掉下摔坏。

（2）安置经纬仪时，应使三脚架架头大致水平，以便能较快地完成对中、整平操作。

（3）操作仪器时，应用力均匀、适度。转动照准部或望远镜，要先松开制动螺旋，切不可强行转动仪器。旋紧制动螺旋时用力要适度，不宜过紧。微动螺旋、脚螺旋均有一定调节范围，宜使用中间部分。

（4）在三脚架架头上移动经纬仪完成对中后，要立即旋紧中心连接螺旋。

（5）使用带分微尺读数装置的 DJ6 光学经纬仪，读数时应估读到 0.1′，即 6″，故读数的秒值应是 6″的整倍数。

（6）使用 DJ2 光学经纬仪用十字丝照准目标的最后一瞬间，水平微动螺旋的转动方向应为旋进方向。旋转测微手轮使度盘对径分划线重合时，测微手轮的转动方向在对径分划线重合时的最后一瞬间应为旋进方向。

（7）注意 DJ2 级光学经纬仪的实际精度，对读数与计算均取至秒，而不取 0.1″。

（8）竖盘读数，应在竖盘指标自动归零补偿器正常工作，竖盘分划线稳定而无摆动时读取。

（七）上交资料

（1）实验报告。

（2）水平度盘读数记录（见附表 4）。

六、方向法水平角观测

（一）目的

掌握用光学经纬仪（或全站仪）按方向观测法观测水平角及记录、计算方法，了解各项限差。

（二）组织

每组 2~3 人。

（三）学时

4 学时。

（四）仪器及工具

每组借光学经纬仪（或全站仪）1 套，测钎 4 支，记录板 1 块，测伞 1 把，自备铅笔。

（五）实验步骤

在一个测站上对 4 个目标作两测回的方向法观测。

（1）一测回操作顺序为：

上半测回——盘左，零方向水平度盘读数应配置在比 0°稍大的读数处，从零方向开始，顺时针依次照准各目标并读数，归零并计算上半测回归零差。

下半测回——盘右，从零方向开始，逆时针依次照准各目标并读数，归零并计算下半测回归零差。

若半测回归零差和一测回内 2*C* 较差不超过限差规定，则对每一个方向计算盘左、盘右读数的平均值，因为零方向有始末两个方向值，再取平均数作为零方向的最后方向观测值。

计算归零后各方向的一测回方向值。零方向归零后的方向值为 0°00′00″，将其他方向的盘左、盘右平均值减去零方向的方向观测值，就得到归零后各方向的一测回方向值。

（2）进行第二测回观测时，操作方法和步骤与上述相同，仅是盘左零方向要变换水平度盘位置，应配置在比 90°稍大的读数处。

（3）若同一方向各测回方向值互差不超过限差规定，则计算各测回平均方向值。所有读数均应当场记入方向法观测手簿中。

（4）方向法观测的各项限差见表 2-1。

表 2-1 **方向法观测的各项限差**

经纬仪型号	光学测微器两次重合读数差	半测回归零差	一测回内 2*C* 较差	同一方向各测回较差
DJ1	1	6	9	6
DJ2	3	8	13	9
DJ6	—	18	—	24

（六）注意事项

（1）要旋紧中心连接螺旋和纵轴固定螺旋，防止仪器事故。

（2）应选择距离稍远、易于照准的清晰目标作为起始方向（零方向）。

（3）为避免发生错误，在同一测回观测过程中，切勿碰动水平度盘变换手轮，注意关上保护盖。

（4）记录员听到观测员读数后必须向观测员回报，经观测员默许后方可记入表格，以防听错而记错。

（5）手簿记录、计算一律取至秒。

（6）观测过程中，若照准部水准管气泡偏离居中位置，其值不得大于一格。同一测回内若气泡偏离居中位置大于一格则该测回应重测。不允许在同一个测回内重新整平仪器。不同测回，则允许在测回间重新整平仪器。

（七）上交资料

（1）实验报告。

（2）方向观测法观测记录（见附表 5）。

七、DJ6 光学经纬仪的检验与校正

（一）目的

（1）加深对经纬仪主要轴线之间应满足条件的理解。

（2）掌握 DJ6 经纬仪的室外检验与校正的方法。

（二）组织

每组 2~3 人。

（三）学时

2 学时。

（四）仪器及工具

每组借 DJ6 光学经纬仪 1 套，记录板 1 块，皮尺 1 把，校正针 1 根，小螺丝刀 1 把。自备 3H 铅笔、直尺。

（五）实验步骤

（1）了解经纬仪主要轴线应满足的条件，弄清检验原理。

（2）照准部水准管轴垂直于竖轴的检验与校正。

①检验方法：先将仪器大致整平，转动照准部使水准管与任意两个脚螺旋连线平行，转动这两个脚螺旋使水准管气泡居中。

将照准部旋转 180°，如气泡仍居中，说明条件满足；如气泡不居中，则需进行校正。

② 校正方法：转动与水准管平行的两个脚螺旋，使气泡向中心移动偏离值的一半。用校正针拨动水准管一端的上、下校正螺丝，使气泡居中。

此项检验和校正需反复进行，直至水准管旋转至任何位置时水准管气泡偏离居中位置不超过 1 格。

（3）十字丝竖丝垂直于横轴的检验与校正。

①检验方法：整平仪器，用十字丝竖丝照准一清晰小点，固定照准部，使望远镜上下微动，若该点始终沿竖丝移动，说明十字丝竖丝垂直于横轴。否则，条件不满足，需进行校正。

② 校正方法：卸下目镜处的十字丝护盖，松开四个压环螺丝，微微转动十字丝环，直至望远镜上下微动时，该点始终在竖丝上为止。然后，拧紧四个压环螺丝，装上十字丝护盖。

（4）视准轴垂直于横轴的检验与校正。

①检验方法：整平仪器，选择一与仪器同高的目标点 A，用盘左、盘右观测。盘左读数为 L'、盘右读数为 R'，若 $R' = L' \pm 180°$，则视准轴垂直于横轴，否则需进行校正。

②校正方法：先计算盘右瞄准目标点 A 应有的正确读数 R，

$$R = R' + c = \frac{1}{2}(L' + R' \pm 180°)，视准轴误差 c = \frac{1}{2}(L' - R' \pm 180°)$$

转动照准部微动螺旋，使水平度盘读数为 R，旋下十字丝环护罩，用校正针拨动十字丝环的左、右两个校正螺丝使其一松一紧（先略放松上、下两个校正螺丝，使十字丝环能移动），移动十字丝环，使十字丝交点对准目标点 A。

检校应反复进行，直至视准轴误差 c 在±60″内。最后将上、下校正螺丝旋紧，旋上十字丝环护罩。

（5）横轴垂直于竖轴的检验。

检验方法：在离墙 20~30m 处安置仪器，盘左照准墙上高处一点 P（仰角 30°左右），放平望远镜，在墙上标出十字丝交点的位置 m_1；盘右再照准 P 点，将望远镜放平，在墙上标出十字丝交点位置 m_2。如 m_1、m_2重合，则表明条件满足；否则需计算 i 角。

$$i = \frac{d}{2D \cdot \tan\alpha} \cdot \rho''$$

式中：D 为仪器至 P 点的水平距离，d 为 m_1、m_2的距离，α 为照准 P 点时的竖角，$\rho''=206265''$。

当 i 角大于 60″时，应校正。由于横轴是密封的，且需专用工具，故此项校正应由专业仪器检修人员进行。

（6）竖盘指标差的检验与校正

① 检验方法：仪器整平后，以望远镜盘左、盘右两个位置瞄准同一水平的明显目标，读取竖盘读数 L 和 R，读数时竖盘水准管气泡务必居中。由指标差计算公式计算 x 的值，若超过规定限差则进行校正。一般要观测另一水平的明显目标再检验一次所算 x 值是否正确。若变化甚微或完全相同，证明观测读数无误，然后进行校正。

$$x = \frac{1}{2}[(L + R) - 360°]$$

② 校正方法：校正时即在当时望远镜位置进行，不动望远镜，仍照准原目标。若这时为盘右位置，盘右读数为 R，竖盘指标差 x 也已知，则正确的读数 R' 为

$$R' = R - x$$

用竖盘指标水准管微动螺旋使竖盘读数为 R'，这时水准管气泡一定偏移了，用校正针拨动竖盘水准管校正螺钉使气泡居中，并且是偏移多少校回多少。再照准另一水平的明显目标进行观测，重新计算指标差 x，若 x 已接近为零，可不再校正；若值 x 还很大，则继续用上述方法进行校正，直至 x 小于限差为止。

具有竖盘指标自动归零装置的仪器，竖盘指标差的检验方法与上述相同，若指标差超限则必须校正，但校正应送仪器检修部门进行检修。

（六）注意事项

（1）实验课前，各组要准备几张画有十字线的白纸，用作照准标志。

（2）要按实验步骤进行检验、校正，不能颠倒顺序。在确认检验数据无误后，才能进行校正。

（3）每项校正结束时，要旋紧各校正螺丝。

（4）选择检验场地时，应顾及视准轴和横轴两项检验，既可看到远处水平目标，又

能看到墙上高处目标。

(5) 每项检验后应立即填写经纬仪检验与校正记录表中相应项目。

(七) 上交资料

(1) 实验报告。

(2) 经纬仪检验与校正记录表（见附表6）。

八、全站仪的认识及使用

(一) 目的

(1) 了解全站型电子速测仪的基本结构与性能，各操作部件的名称和作用。

(2) 掌握全站型电子速测仪的基本操作方法。

(二) 组织

每组4~5人。

(三) 学时

4学时。

(四) 仪器及工具

每组借全站仪（包括棱镜、棱镜架、脚架）1套，记录板1块，测伞1把，自备铅笔和计算器。

(五) 实验步骤

(1) 了解全站仪的基本结构与性能及各操作部件的名称和作用。(见第三部分)

(2) 了解全站仪键盘上各按键的名称及其功能、显示符号的含义并熟悉使用方法。

(3) 掌握全站仪的安置方法。在一个测站上安置全站仪，练习水平角、竖角、距离观测，观测数据记录在记录表中。

(六) 注意事项

(1) 全站仪是目前结构复杂、价格较贵的先进测量仪器之一，在使用时必须严格遵守操作规程，特别注意爱护仪器。

(2) 必须及时将中心螺旋旋紧。

(3) 在阳光下使用全站仪测量时，一定要撑伞遮掩仪器，严禁用望远镜对准太阳。

(4) 在装卸电池时，必须先关断电源。

(5) 迁站时，即使距离很近，也必须取下全站仪装箱搬运，并注意防震。

(七) 上交资料

(1) 实验报告。

(2) 观测记录表（见附表7）。

九、电磁波测距仪测距加常数简易测定

(一) 目的

(1) 了解光电测距的基本原理。

(2) 掌握电磁波测距仪测距加常数简易测定方法。

(二) 组织

每组4~5人。

(三) 学时

2学时。

(四) 仪器及工具

每组借全站仪、棱镜各1套，记录板1块，测伞1把，自备铅笔和计算器。

(五) 实验步骤

(1) 在较为平坦的地面上选200m左右长的线段AB，并定出线段AB的中点C；

(2) 测距仪依次安置在A、C、B三点上测距，观测时应使用同一反射棱镜。测距仪置A点时测量距离D_{AC}、D_{AB}；测距仪置C点时测量距离D_{AC}、D_{CB}；测距仪置B点时测量距离D_{AB}、D_{CB}。

(3) 分别计算D_{AB}、D_{AC}、D_{CB}的平均值，依下式计算加常数。

$$K = D_{AB} - (D_{AC} + D_{CB})$$

(六) 注意事项

(1) A、B、C必须在一条直线上。

(2) 在操作过程中尽可能减小对中误差的影响（使用既能安置全站仪又能安置反射棱镜的基座）。

(3) 测量过程中始终使用同一棱镜。

(4) 必要时应进行气象改正。

(七) 上交资料

(1) 实验报告。

(2) 观测记录表（见附表8）。

十、电磁波测距三角高程测量

（一）目的

（1）了解三角高程测量的基本原理。
（2）掌握电磁波测距三角高程测量方法。

（二）组织

每组 4~5 人。

（三）学时

4 学时。

（四）仪器及工具

每组借全站仪、棱镜各 1 套，记录板 1 块，测伞 1 把，小钢尺 1 把，自备铅笔和计算器。

（五）实验步骤

（1）安置仪器和设备：在已知高程点 A 上安置全站仪，并量取仪器高，在待定点 B 上安置棱镜架，将棱镜和觇牌安置在棱镜杆上，并量取棱镜高；
（2）直觇测量：用全站仪精确瞄准 B 点上的棱镜和觇牌，读取水平度盘、竖直度盘和距离读数并记于记录表中；
（3）返觇测量：将全站仪和棱镜架互换位置，重复（1）、（2）步骤；
（4）按光电测距三角高程测量计算公式计算高差 h_{AB}

$$h_{AB}=\frac{1}{2}(D_{AB}\sin\alpha_{AB}-D_{BA}\sin\alpha_{BA})+\frac{1}{2}(i_{A}+v_{A})-\frac{1}{2}(i_{B}+v_{B})$$

（六）注意事项

（1）仪器高和棱镜高应在观测前后各量取 1 次并精确至 1mm，取其平均值作为最终值。
（2）当直觇测量完成后，应即刻迁站进行返觇测量。
（3）高程成果的取值，应精确至 1mm。
（4）必要时距离应进行加常数、气象改正。
（5）电磁波测距三角高程测量的各项限差见表 2-2。

（七）上交资料

（1）实验报告。
（2）观测记录表（见附表 9）。

表 2-2　**电磁波测距三角高程测量的各项限差**

等级	垂直角观测				边长测量		对向观测高差较差（mm）
	仪器精度等级	测回数	指标差较差	测回较差	仪器精度等级	观测次数	
四等	2″级仪器	3	≤7″	≤7″	10mm 级仪器	往返各一次	$40\sqrt{D}$
五等	2″级仪器	2	≤10″	≤10″	10mm 级仪器	往一次	$60\sqrt{D}$

注：D 为测距边的长度（km）

十一、GNSS 接收机的认识及使用

（一）目的

（1）了解 GNSS 接收机的基本结构与性能，各操作部件的名称和作用。
（2）掌握 GNSS 接收机的基本操作方法。

（二）组织

每组 4～5 人。

（三）学时

课内 2 学时。

（四）仪器及用具

每组 GNSS 接收机（包括接收机、天线、手簿、脚架、基座、电台、手簿通信电缆）1 套，量高尺 1 把。

（五）实验步骤

（1）了解 GNSS 接收机的基本结构与性能及各操作部件的名称和作用。
（2）了解 GNSS 接收机的按键功能和指示灯的含义并熟悉使用方法。
（3）了解 GNSS 接收机控制手簿的基本结构、键盘上各按键的名称及其功能、常用的快捷键操作、显示符号的含义并熟悉使用方法。
（4）在一个控制点上安置 GNSS 接收机，连接手簿，操作 GNSS 接收机，掌握 GNSS 接收机的安置方法、设备的连接方法，熟悉键盘和显示符号的含义。

（六）注意事项

（1）在作业前应做好准备工作，将 GNSS 主机、手簿的电池充足电。
（2）使用 GNSS 接收机时，应严格遵守操作规程，注意爱护仪器。
（3）在启动基准站外接电台时，应特别注意电台电源线（蓄电池）的极性，不要将正负极接错。

（4）用电缆连接手簿和电脑进行数据传输时，注意正确的连接方法。

（七）上交资料

实验报告。

十二、GNSS 静态相对定位

（一）目的

（1）练习 GNSS 接收机静态模式配置与连接；
（2）了解 GNSS 接收机静态模式参数设置；
（3）掌握 GNSS 接收机测站进行数据采集的设置方法；
（4）熟悉 GNSS 接收机静态数据采集观测质量评价方法。

（二）组织

每大组 8~10 人，大组又分为 3~4 个小组，每小组由 2~3 人组成，1 人操作仪器，1 人记录。

（三）学时

课内 2 学时。

（四）仪器及用具

每小组的实验设备为 GNSS 接收机 1 台，天线 1 个，基座 1 个，三脚架 1 个，记录板 1 块。

（五）实验步骤

（1）每一大组内的各小组共同布设 GNSS 控制网，计划同步观测时间，采集观测数据解算同步基线。
（2）将接收机设置为静态模式，设置高度角、采样间隔等系统参数，检查主机内存容量。
（3）在控制点架设好三脚架，安置基座与天线，严格对中，整平。
（4）量取仪器高三次，三次量取的结果之差不得超过 3mm，并取平均值。仪器高应由控制点标石中心量至仪器的测量标志线的上边处。
（5）记录仪器号、点名、仪器高、起止时间。
（6）开机，确认为静态模式，主机开始搜星并且卫星灯开始闪烁。达到记录条件时，状态灯会按照设定好采样间隔闪烁，闪一下表示采集了一个历元。
（7）数据采集完毕后，关闭主机，内业进行数据的传输和数据处理。

（六）注意事项

（1）卫星定位接收机是目前结构复杂、价格昂贵的先进测量仪器之一，在使用时必须严格遵守操作规程，注意爱护仪器。

（2）必须及时将中心螺旋旋紧。

（3）在装卸电池和连接数据传输线时，必须先关闭接收机。

（4）每大组内的各小组要注意协调开机和关机时间。

（七）上交资料

（1）实验报告。

（2）GNSS 测量记录表（见附表 10）。

十三、GNSS 实时动态（RTK）定位

（一）目的

（1）练习 GNSS 接收机动态模式配置与连接；

（2）练习 GNSS 接收机动态模式的参数设置；

（3）掌握 GNSS 接收机测站动态模式下信息采集与设置；

（4）掌握基准站和流动站设置的主要内容；

（5）熟悉 GNSS 接收机动态数据采集质量评价方法。

（二）组织

实验小组由 4~5 人组成，每小组可分为 2~3 人操作基准站仪器，2 人操作流动站仪器。

（三）学时

课内 2 学时。

（四）仪器及用具

基准站部分：三角架 2 个；基座 2 个、连接杆 2 个、GNSS 接收机 1 个、外接电台 1 个、数据线三根、电源 1 个，手簿 1 个，数据发射天线 1 根，仪器箱 2 个。

流动站部分：对中杆 1 个，GNSS 主机 1 个（含电池 2 个），手簿 1 个，GNSS 天线 1 个，接收天线一根，仪器软包 1 个，画图板 1 个。

（五）实验步骤

RTK 技术是全球卫星导航定位技术与数据通信技术相结合的载波相位实时动态差分定位技术，包括基准站和移动站，基准站将其数据通过电台或网络传给移动站后，移动站进行差分解算，便能够实时地提供测站点在指定坐标系中的坐标。根据差分信号传播方式的不同，RTK 分为电台模式和网络模式两种，本实验介绍电台模式：

（1）架设基准站

a. 将接收机设置为基准站外置模式。

b. 架好三脚架，安置电台天线的三脚架应放置的较高一些，接收机和外接天线的两

个三脚架之间保持至少三米的距离。

c. 固定好机座和基准站接收机（如果架在已知点上，要做严格的对中整平），打开基准站接收机。

d. 安装好电台发射天线，把电台挂在三脚架上，将蓄电池放在电台的下方。

e. 用多用途电缆线连接好电台、主机和蓄电池。

(2) 启动基准站

a. 使用手簿进行仪器设置，主机必须是基准站模式。

b. 对基站进行高度角、差分格式、GNSS 坐标系统等参数进行设置。一般的基站参数设置只需设置差分格式就可以，其他使用默认参数。

c. 设置电台，设置正确的电台类型、电台频率、通信参数（波特率、字长、奇偶性、停止位）。

d. 新建工程任务项目，配置任务的坐标系统，定义投影转换参数。

e. 保存好设置参数后，点击“启动基站”（一般来说基站都是任意架设的，发射坐标是不需要自己输的）。

(3) 移动站设置

确认基准站发射成功后，即可开始移动站的架设。步骤如下：

a. 正确连接移动站的主机和手簿等设备。

b. 利用手簿将接收机设置为移动站电台模式。

c. 对移动站参数进行设置，一般只需要设置差分数据格式，选择与基准站相同的差分数据格式和数据传输频率即可。

d. 配置通信参数，配置流动站无线电通道（与基准站一致），以上操作类同于基站。

e. 基准站架在未知点校正（直接校正）。

当移动站在已知点水平对中并获得固定解状态后进行以下操作才有效。

手簿中操作步骤依次为：

- 进入点校正模式；
- 在系统提示下输入当前移动站的已知坐标，再将移动站对中立于已知点上，输入天线高和量取方式进行校正；
- 需要特别注意的是，参与计算的控制点原则上至少要用两个或两个以上的点。

f. 新建工程任务进行 RTK 作业。

（六）注意事项

(1) 在作业前应做好准备工作，将 GNSS 主机、手簿的电池和蓄电池充足电。

(2) 使用 GNSS 接收机时，应严格遵守操作规程，注意爱护仪器。

(3) 在启动基准站时，应特别注意电台电源线（蓄电池）的极性，不要将正负极接错。

(4) 用电缆连接手簿和电脑进行数据传输时，注意正确的连接方法和相关通信参数设置。

（七）上交资料

实验报告。

十四、全站仪数字测图野外数据采集

（一）目的

了解全站仪数字测图野外数据采集的作业流程，掌握用全站仪进行碎部点数据采集的作业方法。

（二）组织

每组 4~5 人。

（三）学时

4 学时。

（四）仪器及用具

采用全站仪内存记录方式，仪器和用具主要有：全站仪 1 台、脚架 2 个、棱镜 1 套、棱镜杆 1 根，记录板 1 块，小钢尺 1 把。

（五）实验步骤

采用三维坐标测量方式，作业流程：设站—定向—碎部测量。测量时，4 名同学轮流完成仪器操作、绘草图、立棱镜和数据传输等工序。

（1）设站：在指定测区内选择一通视良好的控制点 A 作为测站，在测站 A 安置全站仪（对中、整平），量取仪器高（取位至毫米），输入测站点三维坐标和仪器高等信息。

（2）定向：选择离测站点较远的另外一个控制点 B 作为后视点，按要求输入定向点的坐标或定向角度。

（3）碎部测量：立镜员按一定路线选择地物或地貌特征点并立棱镜，观测员瞄准棱镜中心，进行测量，数据自动记录到全站仪内存。草图绘制员将测量点绘制成草图。

外业数据采集后，应将全站仪内工程文件中的数据传输至计算机，形成数据文件。该原始数据文件应通过专用软件转换成坐标文件格式。在 AutoCAD 环境下，导入坐标文件，参照草图直接在屏幕上连线成图。也可使用数字地形图成图软件，将全站仪内工程文件中的数据导入成图软件。

（六）注意事项

（1）在作业前应作好准备工作，给全站仪电池充足电。

（2）使用全站仪时，应严格遵守操作规程，注意爱护仪器。

（七）上交资料

（1）实验报告。

（2）原始数据文件和图形文件。

十五、RTK 数字测图野外数据采集

（一）实验目的

掌握用 GPS RTK 方法进行碎部点数据采集的方法。

（二）实验组织

（1）性质：综合性实验。
（2）时数：课内 2 学时，课外 2 学时。
（3）组织：4~5 人 1 组。

（三）实验设备

每组借 GPS RTK 主机 1 套，手簿 1 个，数据电缆 1 根，对中杆 1 根。

（四）实验步骤

1. 设置基准站

基准站仪器的架设：包括对中、整平、天线电缆及电源电缆的连接、量取天线高等。

2. 检查基准站设置

（1）基准站属性中确认　测量高度角限制 13°，广播差分电文格式 CMR+，天线类型，天线高，天线量高方法，是否使用基准站索引等。

（2）基准站无线电的设置　设置正确的电台类型、电台频率、通信参数（波特率、字长、奇偶性、停止位）。

3. 新建任务

（1）在控制器中选择“任务”→“新建任务”（输入任务名，确认）。

（2）选择键入参数，配置任务的坐标系统。其中包括：定义投影转换、定义 WGS-84 基准与地方基准之间的关系。通常采用三参数（Monodensky）转换、七参数转换或无转换（直接采用 WGS-84 坐标）。采用三参数时 DX、DY、DZ 均为 0。

4. 启动基准站接收机

基准站应输入已知点的坐标，接收机将以基准站仪器单点定位结果作为当前使用基准站坐标。输入天线高，启动测量，看基准站是否正常工作，电台是否开始正常发射。

5. 分离主机与控制器

断开控制器与接收机的连接，分离控制器。

6. 流动站操作

（1）连接仪器。

（2）检查流动站设置：配置流动站选项与流动站无线电（与基准站一致），以上操作类同于基站。

（3）开始测量：卫星数大于等于 5 并收到电台信号后，进行初始化，使 RTK 固定。初始化时可使用运动中初始化。

（4）测量点：测量单点或连续地形。

（5）结束测量：所有待测点测量完毕后，退出到测量菜单，并结束当前测量。

（五）注意事项

（1）在作业前应做好准备工作，将 GPS 主机和手簿的电池充足电。
（2）使用 GPS 接收机时，应严格遵守操作规程，注意爱护仪器。
（3）在启动基准站时，应特别注意电台电源线的极性，不要将正负极接错。
（4）用电缆连接手簿和电脑进行数据传输时，应注意关闭手簿电源，并注意正确的连接方法。

（六）上交资料

实验结束后将测量实验报告以小组为单位装订成册上交，同时各组提交电子版的原始数据文件和图形文件。

第三部分　电子测量仪器使用说明

一、数字水准仪

（一）数字水准仪简介

数字水准仪由仪器和标尺两大部分组成，数字水准仪的主机光学部分和机械部分与自动安平水准仪基本相同，仪器主机由望远镜系统、补偿器、分光棱镜、目镜系统、CCD传感器、数据处理器、键盘和数据处理软件组成。如图 3-1 所示为几种常用的数字水准仪。

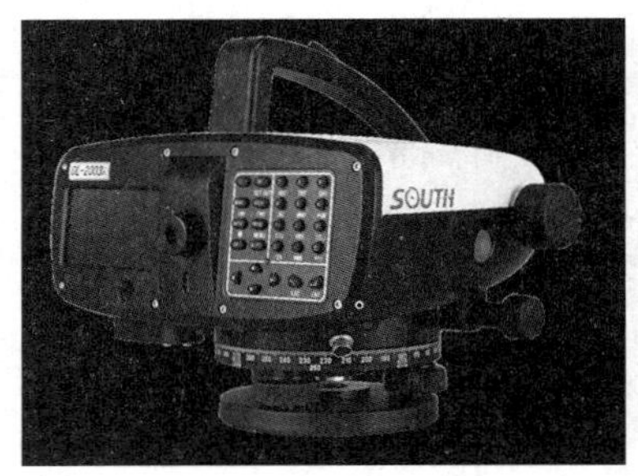

（a）南方 DL 系列数字水准仪

（b）苏一光系列数字水准仪

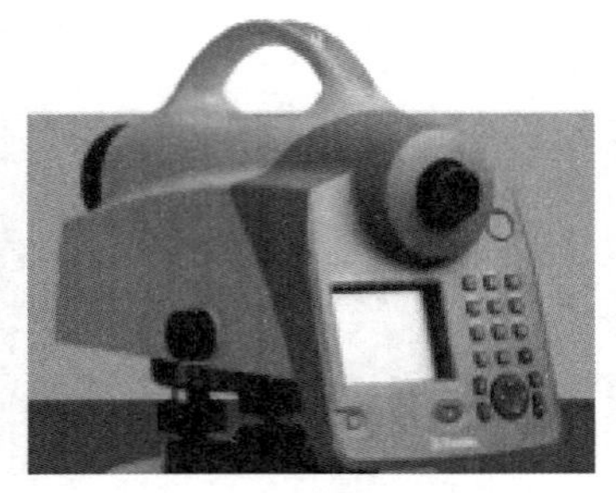

（c）天宝系列数字水准仪

图 3-1　几种数字水准仪

数字水准仪的标尺是条码标尺，条码标尺是由宽度相等或不等的黑白条码按一定的编码规则有序排列而成的。这些黑白条码的排列规则就是各仪器生产厂家的技术核心，各厂家的条码图案完全不同，更不能互换使用。如图 3-2 所示是徕卡数字水准仪配套的条码标尺。

（二）数字水准仪的测量原理

数字水准仪测量的基本原理，就是利用线阵探测器对标尺图像进行探测，自动解算出视线高度和仪器至标尺的距离。其关键技术就是条码设计与探测，从而形成自动显示读数。

标尺的条码作为参照信号存在仪器内。测量时，图像传感器捕获仪器视场内的标尺影像作为测量信号，然后与仪器的参考信号进行比较，便可求得视线高度和水平距离。正如光学水准测量一样，测量时标尺要直立。只要标尺有足够的亮度，仪器可以在夜间进行测量（传感器的敏感范围从最高频率的可见光到亚红光的频率）。

数字水准仪自动测量的过程是：人工完成照准和调焦之后，标尺的条码影像光线到达望远镜中的分光镜，分光镜将这个光线分离成红外光和可见光两部分，红外光传送到线阵探测器上进行标尺图像探测；可见光传到十字丝分化板上成像，供测量员目视观测。仪器的数据处理器通过对探测到的光源进行处理，就可以确定仪器的视线高度和仪器至标尺的距离，并在显示窗显示。

如果使用传统的水准标尺，数字水准仪又可以当作普通的自动安平水准仪使用。

图 3-2　徕卡数字水准仪配套的条码标尺

（三）数字水准仪的应用

1. 数字水准仪的应用范围

①使用标尺和距离读数的简便测量；

②线路水准测量；

③测量和放样点；

④与计算机联机作业。

2. 选择标尺

首先要明确的是不同厂家的条码标尺是不相同的，因此，标尺必须与仪器配套使用。

其次，对同一厂家的仪器，要根据测量精度选用配套的条码标尺，中、低精度的测量可选用标准条码标尺，高精度测量则应选用因瓦条码水准标尺。

3. 数字水准仪的特点

数字水准仪的优点是自动读数，自动记录，测量速度快、精度高，利用仪器的配套软件，可以实现自动平差计算。

当仪器的圆水准器气泡居中后，仪器基本上处于水平状态，但仍存在微小的倾斜，因此，数字水准仪具有垂直轴倾斜改正功能，通过补偿器改正仪器的倾斜，使仪器的照准视线严格水平。

（四）南方 DL 系列数字水准仪

1. 主菜单功能

南方 DL 系列数字水准仪的主菜单功能见表 3-1。

2. 仪器的设置

（1）设置内容

①测量参数设置，包括：小数位、数据单位、数据格式、地球曲率改正、标尺正倒置、大气改正开关、大气改正系数等设置。

②系统参数设置。

③声音设置：包括语音提示开关、声音开关、音量大小设置。

④背光设置：包括按键及圆水泡背光、液晶自动背光、液晶背光亮度设置。

⑤其他设置：包括系统日期、时间，用户健设置，自动开、关机时间，自动休眠时间，数据输出位置，i 角校正等。

表 3-1　　　　**南方 DL 系列数字水准仪主菜单功能**

主菜单	子菜单	子菜单	
1. 测量	高程测量		高程测量
	放样测量		放样测量
	线路测量	一等水准测量	一等水准测量
		二等水准测量	二等水准测量
		三等水准测量	三等水准测量
		四等水准测量	四等水准测量
		自定义线路测量	自定义线路测量
	串口/蓝牙测量	串口测量	RS232 串口测量
		蓝牙测量	蓝牙测量
2. 数据	编辑数据	测量点	查看线路中的测量点信息
		已知点	查看、增加、删除已知点
		作业	查看、增加、删除作业
		编码表	查看、增加、删除、查找编码
		线路	查看、增加、删除线路
		线路限差	查看、增加、删除线路限差
	内存管理	内存信息	查看内存中作业的线路数、已知点数以及空作业个数
		内存格式化	对内存进行格式化
	数据导出	导出作业	导出内存中的作业到指定位置（U 盘或蓝牙设备）
		导出线路	导出内存中的线路到指定位置（U 盘或蓝牙设备）
3. 校准	检验调整		对水准仪进行检校
	双轴检校		对双轴进行检校
4. 计算	线路平差		线路平差
5. 设置	快速设置		大气改正开关、地球曲率开关、USER 键设置、小数位数设置
	完全设置	测量参数	小数位数、数据单位、数据格式、地球曲率改正、标尺倒置、大气改正开关、大气改正系数
		系统参数	声音设置、背光设置、其他设置等
		仪器信息	作业数、电池电量、已用内存、出厂日期、仪器编号、版本信息等的测试
		恢复出厂设置	恢复出厂设置
	电子气泡		电子气泡
6. 帮助	操作指南	按键说明	基本操作键、功能键、组合键的说明
		校准示意图	四种检校方法的校准示意图

⑥测量模式设置：单点测量、线路测量、放样测量和多次测量等。

（2）设置方法

数据按作业存储，作业类似于文件夹。线路相当于文件，存储于作业中，存储的线路可以拷贝、修改和删除。

在一个作业中，只有最后测量过的线路被选做当前线路。

线路是可以被补充的，当用户需要时可以对以前的测量线路进行追加测量。

①数据存储设置。内存按作业存储数据。但已知点和测量点是分别存放的。是否创建不同大小的数据块，取决于测量程序。在一项任务完成之后，仪器立即保存数据。

例：在开始程序“线路”定义之后，仪器立即保存“线路”类型的数据块。在数据管理器显示的测量数据块是按测量和保存的次序显示的。

②开始测量前的设置。新作业：作业名、测量员姓名、备注 1、备注 2、日期、时间。

新线路：线路名、测量方式、起始点号、高程、双转开关、标尺 1 编号、标尺 2 编号。

线路中的起始点号及数据可以从【DATA】中【数据编辑】的已知点中读取或者从测量点中获取。

已知点：点号、E（X 坐标）、N（Y 坐标）、H（高程）

③限差设置：精密模式、累计视距差、视距限值、视高限值、高差之差限差、后-后/前-前、前后视距差、转点差。

④测量中的显示：

后视目标点：点号、备注、后视高程、视线高度、标尺读数、标尺距离。

前视目标点：点号、备注、前视高程、视线高度、标尺读数、标尺距离。

测站显示：测站高差、累积高差、前后视距差、累积视距差、累积视距、测站总数。

⑤测量模式设置：测量模式，测量次数，最少测量次数，最多测量次数，标准偏差/20 米。

⑥相关改正参数 ：地球曲率改正，照准轴倾斜误差（i 角）。

3. 测量程序

主菜单是水准仪操作层面上最高级别的菜单。所有的功能都可以从这里调出。主菜单界面如图 3-3 所示。

图 3-3　主菜单界面

（1）等级水准路线

在主菜单的【测量】下选择“① 高程测量”即可选择高程测量、放样测量和线路测量，界面如图 3-4 所示。

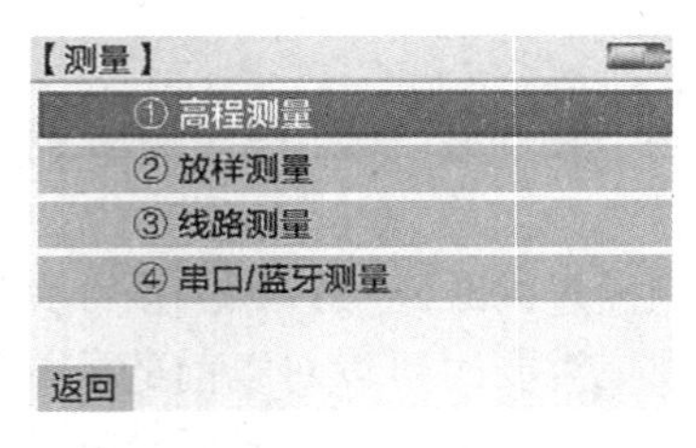

图 3-4　主菜单【测量】界面

选中之后，按压【MEAS】按钮启动相应的测量功能。例如，选择线路测量，则界面显示如图 3-5 所示。

图 3-5　【线路测量】界面

一、二、三、四等水准测量供选择，如选一等水准测量，进入图 3-6 所示的【一等测量】界面。

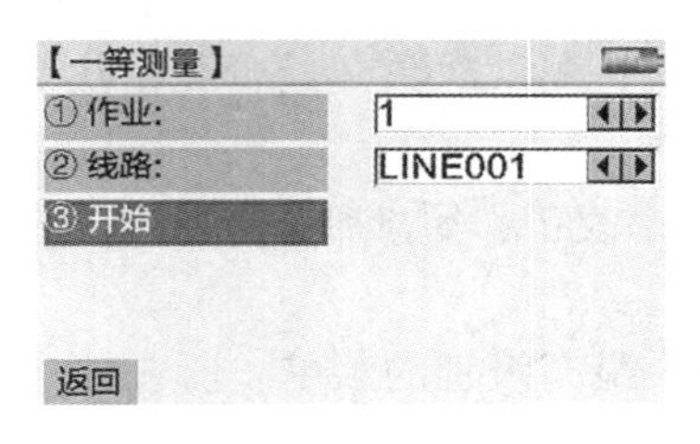

图 3-6　【一等测量】界面

一等水准测量步骤如下：

①选择作业：在作业下拉列表中选择作业，也可通过选择“①作业：”进入新建作业界面新建作业。

②选择线路：在线路下拉列表中选择线路，也可通过选择“②线路：”进入新建线路界面新建一条线路。

③开始测量：进入测量界面完成测量。具体操作步骤请参见自定义线路测量。

需要说明的是：一等水准测量按照 aBFFB 往返测的方法进行测量并内置了相应限差（见表 3-2）。

二、三、四等水准测量也是按照相应等级的测量方法内置了相应限差，测量步骤同“一等水准测量”，这里不再赘述。

表 3-2　　各等级测量方式及限差

方 法	奇数站	偶数站
BF	BF	BF
aBF（交替 BF）	BF	FB
BFFB	BFFB	BFFB
aBFFB（交替 BFFB）	BFFB	FBBF
BBFF	BBFF	BBFF
BF/BFFB 单程双转点	左右线均按照 BF/BFFB 测量	

（2）自定义线路测量

自定义线路测量是非等级的测量，是按照非等级的线路测量设置的。线路测量是按测站保存，只有一个测站测量完之后按“确认”后才保存本站数据，一旦本站数据保存后，将无法再回到以前的测站进行测量。如果本站的数据有误，用户可以选择“返回”，将会回到本站的第一个点重新测量。

①开始测量：选择自定义线路测量，开始显示线路测量程序窗口，如图 3-7 所示。

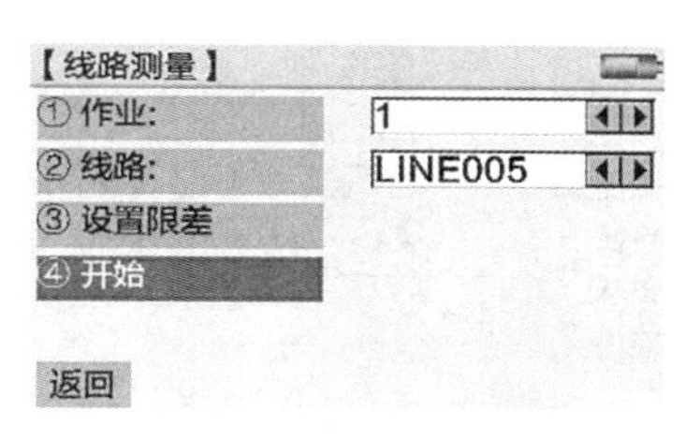

图 3-7　线路测量程序窗口

如果仪器显示了选择的线路和作业，同时也设置了所有的限差，就可以开始测量程序。

②设置作业。如果没有创建作业，仪器自动默认“DEFAULT”的作业。如果有多个作业可用，就要选择一个作业。

将光标移至作业，按【ENT】进入【新作业】界面，如图 3-8 所示。

【新作业】　a
作业:　AD
测量员:
备注1:
备注2:
2016.09.17　13:39:28
返回　保存

图 3-8　【新作业】界面

然后，输入作业名（不能与已有的作业同名），测量员的名称，以及关于作业的备注，日期时间。

③设置线路。若用户想要开始新的线路，必须在测量开始之前修改，光标移至【2 线路】按【ENT】进入新建线路，如图 3-9 所示。

【新线路】
N
1/2
线路名:
LINE005
测量方式:
BF
起始点名:
A1
查找
起始高程:
0.00000
m
双转:
关
返回
确定

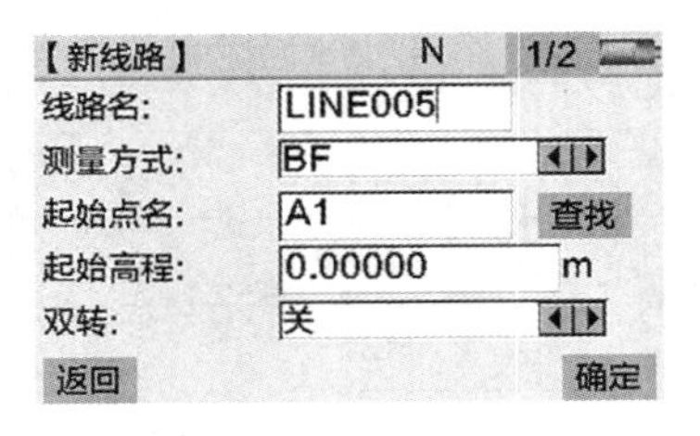

图 3-9　【新线路】界面

输入：线路名：不能与已有的线路名相同。

测量方式：观测方法：BF / aBF / BFFB / aBFFB/BBFF/单程双转点。

起始点名：自动点号的起始点号。

标尺 1 或标尺 2 的名称。

输入起始点号后，仪器检查作业，看该点是否为已保存的已知点、测量点或先前的起始点，若是，就从列表中选，如图 3-10 所示。

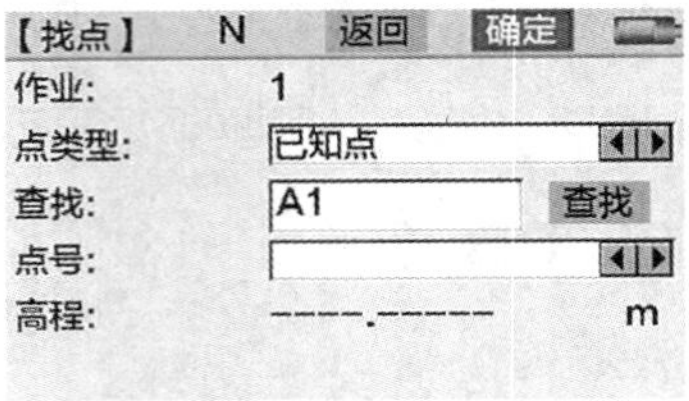

【找点】
N
返回
确定
作业:
1
点类型:
已知点
查找:
A1
查找
点号:
高程:
-----.------
m

图 3-10　【找点】界面

点类型：已知点、测量点，人工输入点或标准值（0.000）。

“找点”中可以使用通配符“＊”查询线路中的所有的点，注意本找点只能查找本作业下的点。

④设置限差。线路水准测量中，安置的限差是否要遵守，取决于应用场合。本仪器设置了激活限差或者不激活限差的功能。若激活限差功能，只要测量成果超过限差，仪器就显示一条信息，并允许立即进行改正测量，如图 3-11 所示。

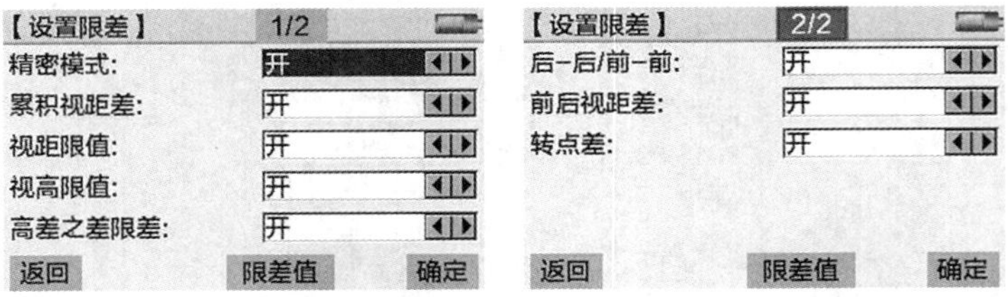

【设置限差】
1/2
精密模式:
开
累积视距差:
开
视距限值:
开
视高限值:
开
高差之差限差:
开
返回
限差值
确定
【设置限差】
2/2
后-后/前-前:
开
前后视距差:
开
转点差:
开
返回
限差值
确定

图 3-11　【设置限差】界面

精密模式的精度：在激活了线路水准测量设置的限差时，仪器监测标尺的高差读数到标尺两端的距离，在标尺边缘的编码元素范围减少可能略为降低测量成果的精度。如果距离小于 50cm，仪器显示警示。若激活精密模式，标尺顶部到底部的限长自动设置为因瓦标尺的 3m。为了使用不同长度的标尺，标尺的限长可以由人工修改。

精密模式还监控仪器至标尺的距离，监控的距离取决于仪器和标尺的物理特性，在这些距离上高差测量成果的精度可能略低一些。精密模式对于提高测量精度非常有效。典型精度的线路水准测量激活精密模式可能无必要。

⑤改变限差。按以下方法打开检查和改变限差的窗口："限差值"：

输入限差值。分两页显示，在对应项的文件输入框中输入相应值，如图 3-12 所示。

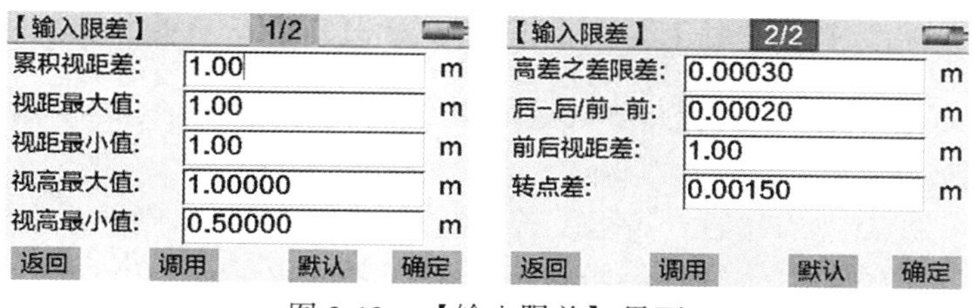

图 3-12 【输入限差】界面

"返回"：退出本界面。

"调用"：调出如下【线路限差】界面选择限差，如图 3-13 所示。

"默认"：采用限差默认值，默认值如图 3-12 所示。

"确定"：确定采用输入的限差值。

【线路限差】 1/2
限差名 1
累积视距差: 3.00 m
视距最大值: 50.00 m
视距最小值: 5.00 m
视高最大值: 2.50000 m
返回 增加 确定

图 3-13 【线路限差】界面

"返回"：退出调用限差界面。

"增加"：调出增加限差界面，在限差文件中增加限差。

"确定"：调用选中限差。

用水准测量和线路测量的程序时，要开始新线路，应检查重要设置的设定状况。要改变设置，调出相应功能。

【MODE】、【FUC】、【PROG】、【MENU】和【DATA】这些功能可以从基本的"测量"中调出，也可从其他程序模块调出。因此，存储在仪器中的数据在任何时候都可以用【DATA】键显示。

⑥线路测量。线路水准测量程序有 BF、aBF、BFFB、aBFFB 和单程双转点等几种方式。各种测量方法的含义见表 3-2。

使用定位键将光标移动到测量方式选择，测量前视之前，可以进行碎部测量或放样。

测量成果被保存在内存的当前作业中。

首先输入所需要的全部参数，然后用测量键触发测量，如图 3-14 所示。

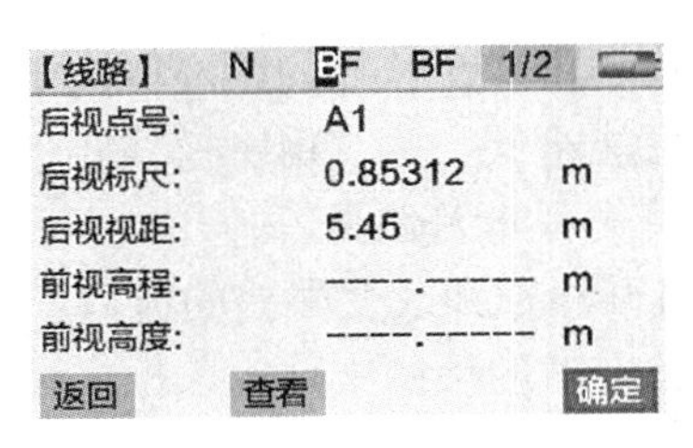

图 3-14 【线路】后视点设置界面

后视点号（起始点点号）：线路中的起始点点名。若是继续上次的线路，则显示上次测站结束时的测站点名。

起始点高程：线路中的起始点高程。若是继续上次的线路，则显示上次测站结束时的测站点名。

测完之后：仪器显示视线高程、视高和视距的相应值。可以进行重复测量。

“确认 ”：保存测量成果，并继续前视。

显示前视：

首先输入所需要的全部参数，然后启动测量，如图 3-15 所示。

图 3-15 【线路】前视点设置界面

输入：

“前视点号”：采用自动递增的点号或输入单独的点号。

测完之后：仪器显示前视高程，高差，视高和视距的相应值。

“确定 ” 保存测量成果，并继续后视。

“查看 ” 显示最后的后视测量成果和数据。

“返回” 退出水准测量程序。只要新的线路不开始，仪器总是在当前线路上继续测量。

测站结果（BF）：测完一个测站后的测站数据，分三页显示，如图 3-16 所示。

标题：奇数站和偶数站的显示方法（这里是 BF）及当前测站的测量成果。

前视点号：下一次要照准的点号（只能在测量之前的前视时修改）。

备注：注释下一测量成果（可选）。

有了当前测站数和箭头指示的帮助，就容易确定当前测站是偶数站还是奇数站。这对于要求以偶数站结束的水准测量（使用两根标尺的水准测量）是十分重要的。

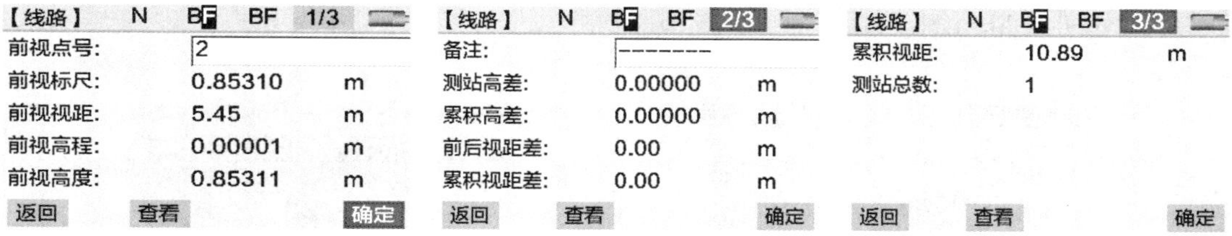

(a) 结果界面第一页　　(b) 结果界面第二页　　(c) 结果界面第三页

图 3-16　测完一个测站后的结果界面

“返回”停止线路水准测量，停之后，这条线路在任何时候都可以继续。

“查看 ”：上次的最后测量成果。

对于双视线测量程序（BFFB，aBFFB，BBFF），仪器在完成第四次高差观测之后，仪器就在屏幕顶端显示本站测量成果。

BFFB 方法的例子：

完成一个奇数站 4 次（BFFB）观测。

测站结果分三页显示，如图 3-17 所示。

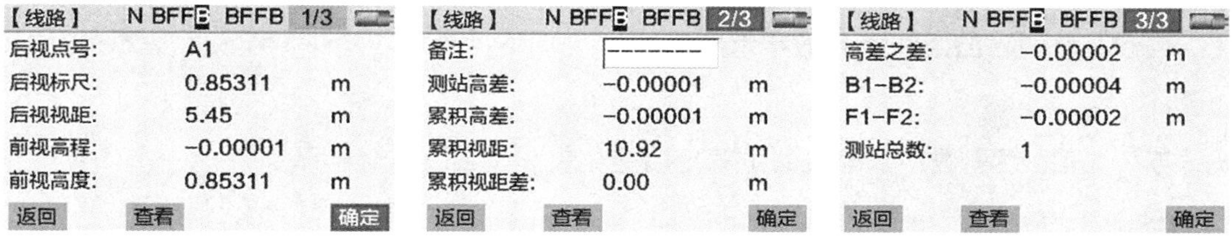

(a) 结果界面第一页　　(b) 结果界面第二页　　(c) 结果界面第三页

图 3-17　完成一个奇数站 4 次观测后的结果界面

- 查看

显示仪器照准高度的测量值，如图 3-18 所示。

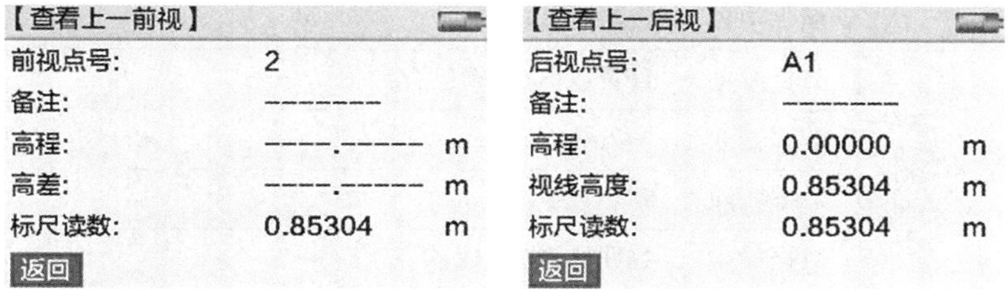

图 3-18　仪器照准高度的测量值显示界面

- 超限

在测量过程中，若激活了限差检查功能（参看限差设置），一旦测量成果超限，窗口就显示当前参数的信息。距离超限的示例如图 3-19 所示。

忽略：接收测量值，继续重测当前点：重新测量当前点。

4. 数据导出

把测量数据通过接口从内存输出到 U 盘卡或蓝牙设备，分为“导出作业”和“导出线路”，如图 3-20 所示。

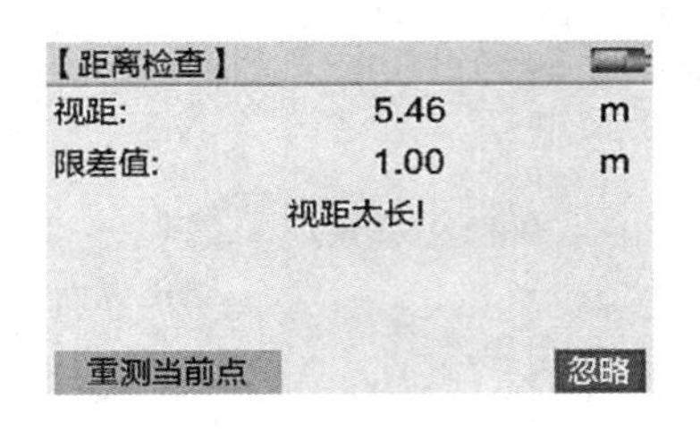

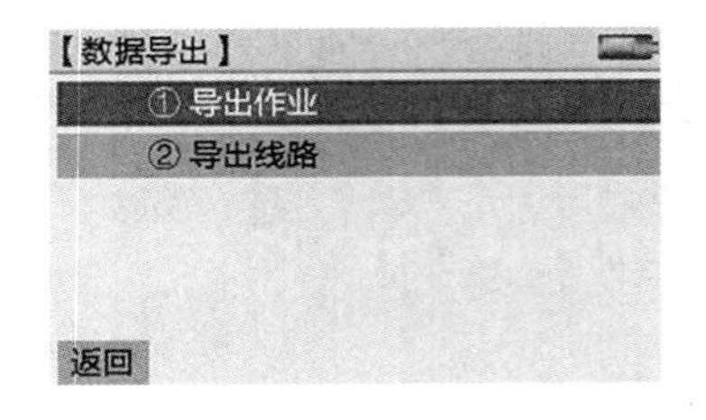

图 3-19 【距离检查】界面

图 3-20 【数据导出】界面

选定“①导出作业”或者“②导出路线”，进入相应的界面。

如果选定的目标位置为“U 盘”，则还需要选择导出的作业（或路线）及数据类型和需要输出到 U 盘中目录及文件名。选择好后，点击“输出”开始导出作业（或路线）到 U 盘。导出成功后在 U 盘中的目录名为“DL200”的目录下会产生一个以“DEFAULT”命名的（与导出目录名相对应）文件夹，在该文件夹下会查看到若干条以线路名命名的线路文件。

(五) 苏一光 EL300 系列数字水准仪

1. 主菜单功能

苏一光 EL 系列数字水准仪的主菜单功能见表 3-3。

表 3-3 **苏一光 EL 系列数字水准仪主菜单功能**

主菜单	子菜单	子菜单	描　述
1. 文件	项目管理	选择项目	选择已有项目
		新建项目	新建一个项目
		项目重命名	改变项目名称
		删除项目	删除已有项目
	数据编辑	数据浏览	查看数据/编辑已存数据
		数据输入	输入数据
		数据删除	删除数据
		数据导入	数据从 PC 到仪器
	代码编辑		输入改变代码列表
	数据导出		将仪器数据导出到 PC
	存储器		内/外存储器切换，格式化内存储器
	USB		用 USB 数据线直接读取内存储器内容

续表

主菜单	子菜单	子菜单	描　述
2. 配置	输入		输入大气折射、加常数、日期、时间
	限差/测试		输入水准线路限差（最大视距、最大视线高、最小视线高）水准线路测试限差、最大限差、单站前后视距差、线路前后视距差累计
	校正		校正视准轴
	仪器设置		设置单位、显示信息、自动关机、声音、日期、时间格式、语言
	记录设置		记录、数据记录、记录附加数据、线路测量、单点测量、中间点测量起始点号，点号递增
3. 测量	单点测量		单点测量
	水准线路		水准线路测量
	中间点测量		基准输入
	放样		放样测量
	连续测量		连续测量
4. 计算	线路平差		线路平差

2. 仪器设置

按红色【Power】键开机后，仪器先显示开机界面，然后进入主菜单，如图 3-21 所示。

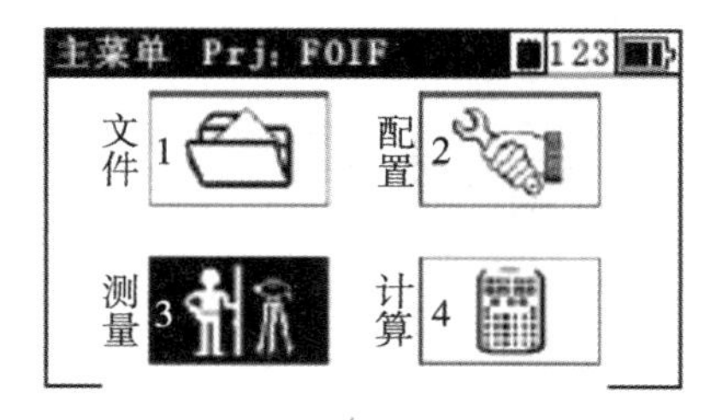

图 3-21　仪器主菜单界面

选择【配置】，进入配置菜单，如图 3-22 所示。

（1）选择“1. 输入”：可以输入大气折射、加常数、日期、时间。使用方向键选择大气折射、加常数、日期时间。按回车键储存。

（2）选择“2. 限差/测试”：用方向键选择最大视距、最小视距高、最大视线高，其中：最大视距范围：0~100m，最小视线高范围：0~1m，最大视线高范围：0~5m。

（3）选择“3. 校正”：可以进行仪器的 i 角检验。

（4）选择“4. 仪器设置”：可以设置高度单位：m 和英尺，以及十进制。设置自动

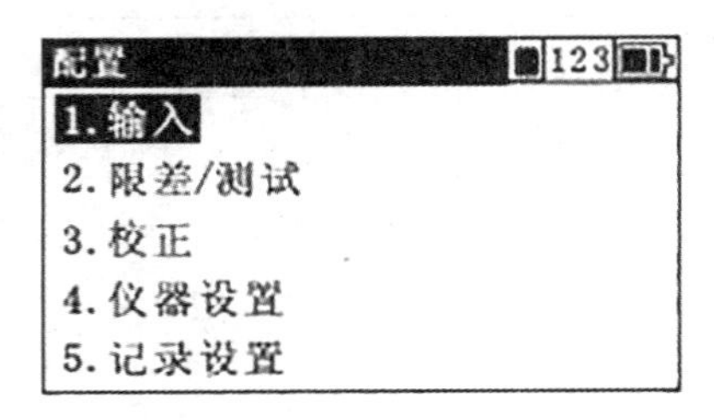

图 3-22　配置菜单界面

关机时间和时间、日期等。

（5）选择“5. 记录设置”：

- 在第一页：设置或清除记录复选框，开/关数据记录；设置数据记录，R-M 只保存测量数据，RMC 既保存测量数据，又保存计算数据设置记录附加数据：无、时间、温度。
- 按回车键进入第二页，进行线路测量：输入点号自动增加和起始点号按回车键确认。点号自动增加以起始点算起。
- 按回车键进入第三页，进行单点测量和中间点测量：输入点号自动增加和起始点号按回车键确认。点号自动增加以起始点算起。设置完成后，按回车键保存设置并返回配置菜单。

3. 测量程序

（1）单点测量（不输入已知高程）

当不使用已知高测量时，读数可以独立显示出来，如果点号和点号步进被激活，测量结果会相应地保存起来。

按红色【Power】键开机后，仪器先显示开机界，然后进入主菜单，如图 3-21 所示。

选择“测量”，进入测量菜单，如图 3-23 所示。

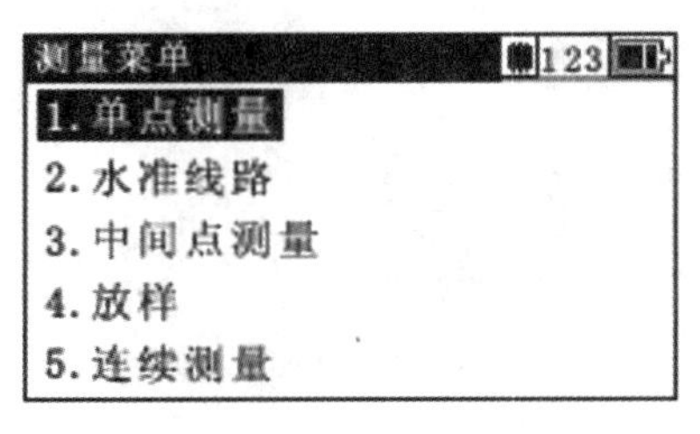

图 3-23　测量菜单界面

- 移动方向键到“1. 单点测量”上按回车键或数字键“1”进入单点测量程序。输入点号、代码，按测量键开始测量。
- 测量完成后，左侧显示测量结果，点号自动加 1，可以开始下一点测量。
- 移动方向键到下方的“信息”按回车键可以显示当前仪器的存储状态、电池电池电量、时间、日期。
- 按【ESC】键退出信息显示。

（2）水准线路测量

单站高差可以测量出来，并经过累加。当输入起点高和终点高时，就可以算出理论高与实际高差的差值，即闭合差。

按红色【Power】键开机后，仪器先显示开机界，然后进入主菜单，如图3-21所示。

选择“测量”进入如图3-22所示测量菜单，移动方向键到“2. 水准线路”上按回车键或数字键【2】进入水准线路测量程序，如图3-24所示。

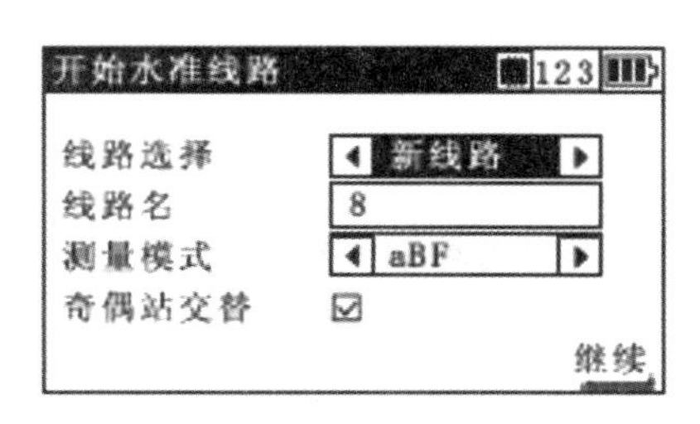

图3-24　开始水准路线

按方向键【左右】选择新建一条线路或继续上次未测量完成的线路，也可以进行以下操作：

- 选择“新线路”后，按方向键【下】并用键盘输入新线路的文件名。
- 按方向键【下】后按方向键【左右】选择水准线路的测量模式：

BF（后前），BFFB（后前前后），BFBF（后前后前），BBFF（后后前前），FBBF（前后后前）。

- 按方向键【下】后按方向键【左右】选择是否勾选“奇偶站交替”，按回车键进行下一页。
- 直接输入点号或按方向键【左右】出现下拉菜单，选择“从项目”，则从当前项目中选择；选择“其他项目”，则从其他项目中选择。输入或选择完成后按方向键【下】。
- 同样直接输入或从下拉菜单选择代码。输入或选择完成后按方向键【下】。
- 输入基准高，如果从下拉菜单中选择点号，则基准高自动给出。输入完成后，按回车键继续。进行测量：

①瞄准水准尺，按测量键进行后视测量。测量完后视后仪器自动显示读数。

②按方向键【左右】选择点号步进或点号间隔，选择完成后按方向键【下】。

③直接输入点号或按方向键【左右】出现下拉菜单，选择“从项目”，则从当前项目中选择；选择“其他项目”，则从其他项目中选择。输入或选择完成后按方向键【下】。

④直接输入或按方向键【右】从列表中选取代码，完成后照准水准尺按【测量】键开始前视测量。

测量完前视后仪器自动显示读数，测量完毕，自动记录并且点号自动加1，如图3-25所示。

按方向键选择“重测”可进行多次测量，可选择对上一个点或测站进行多次测量。

如果设置过限差并在测量后结果超限，如图3-26所示，仪器将出现提示信息，选择“是”或“否”储存或放弃储存测量数据。

继续下一水准点的测量，全部测量完成后，如图3-27所示，按方向键选取“结束”

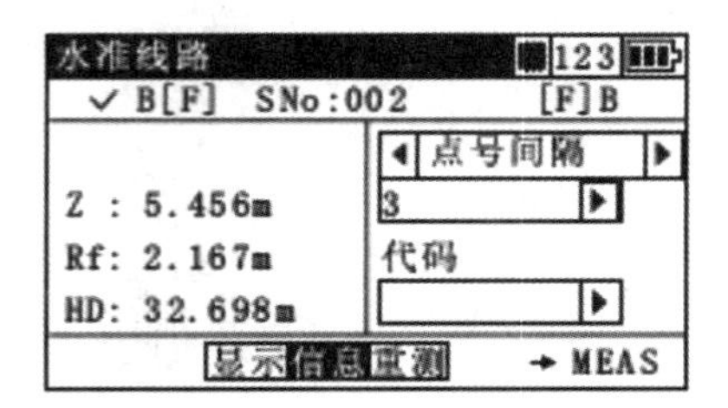

图 3-25　仪器自动显示读数

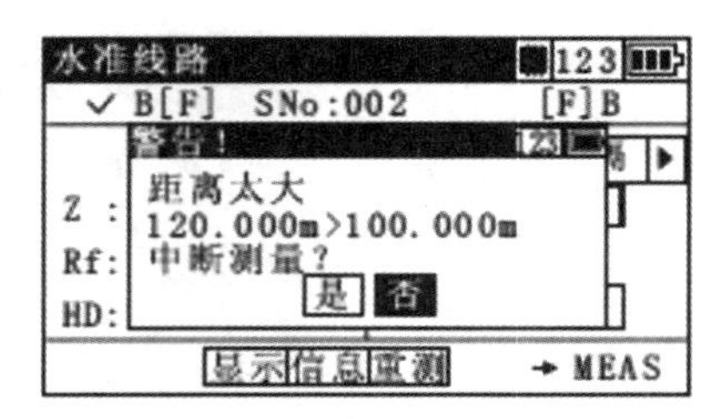

图 3-26　超限显示

并按回车键，如图 3-28 所示。选择“是”在已知点结束测量，选择“否”在未知点结束测量，水准测量完成。

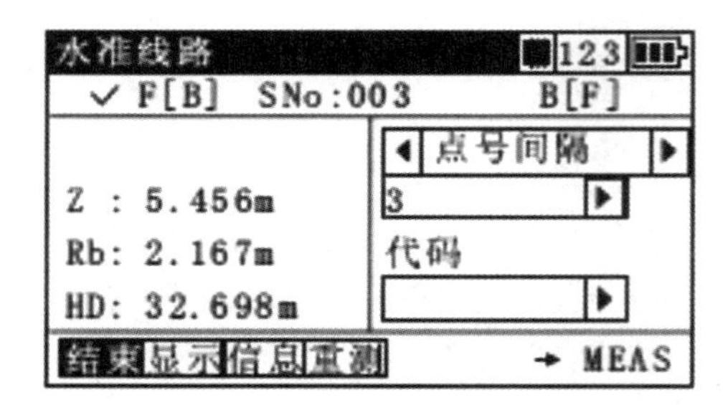

图 3-27　水准线路结束

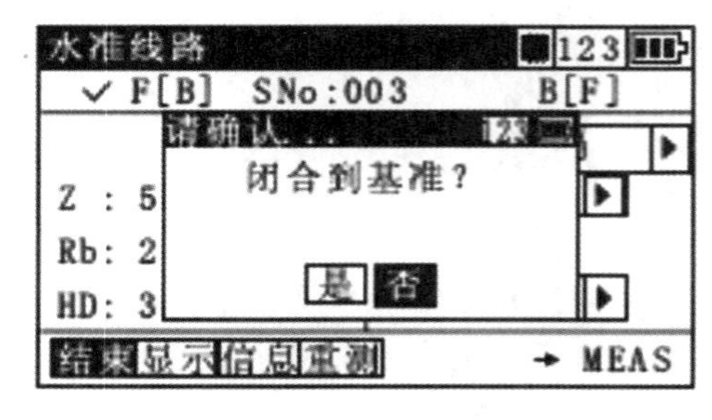

图 3-28　闭合与否选择

当选择“是”时，跳出如图 3-29 所示界面，输入或选择点号、代码，并输入基准高后，按回车键继续，如图 3-30 所示。

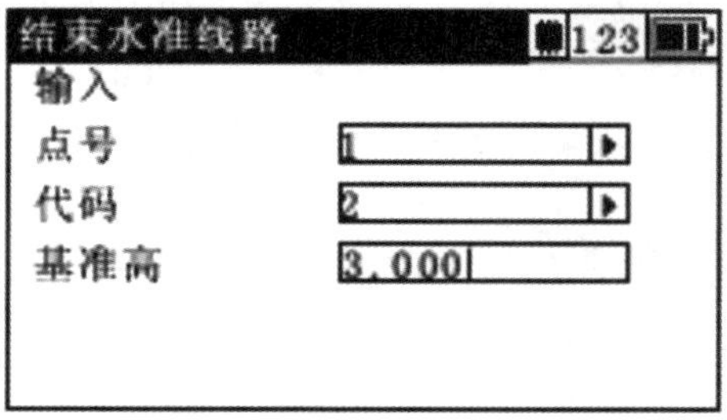

结束水准线路
输入
点号 1
代码 2
基准高 3.000

图 3-29　结束水准路线输入

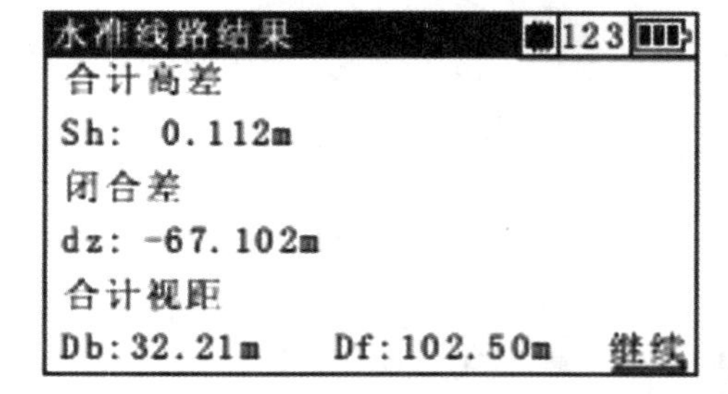

图 3-30　结束水准路线结果 1

仪器显示水准线路测量结果，其中：

“Sh”表示高差总和，“dZ”表示闭合差，“Db”，“Df”分别表示前后视距和。点击回车键结束水准线路测量。

当选择“否”时，跳出图 3-31 界面，其中：“Sh”表示高差总和，“Db，Df”分别表示前后视距和。点击回车键结束水准线路测量。

水准线路结果
123
合计高差
Sh: 0.112m
合计视距
Db:32.21m
Df:102.50m
继续

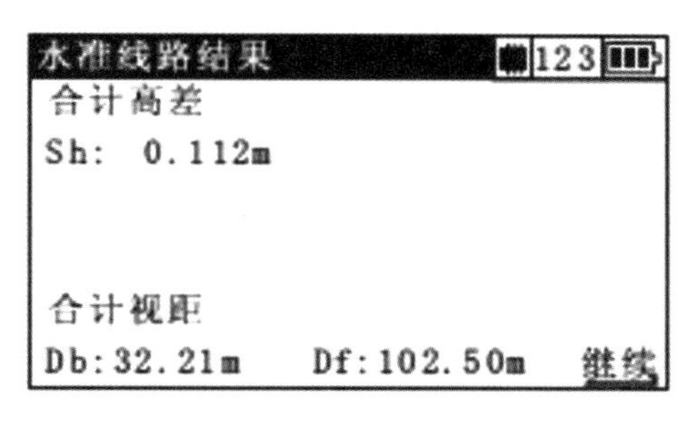

图 3-31　水准路线结果 2

3. 数据传输

在主菜单选文件进入文件管理菜单。

在文件管理菜单下移动方向键到如图 3-32 所示“4. 数据导出”上按回车键进入如图 3-33 所示界面。

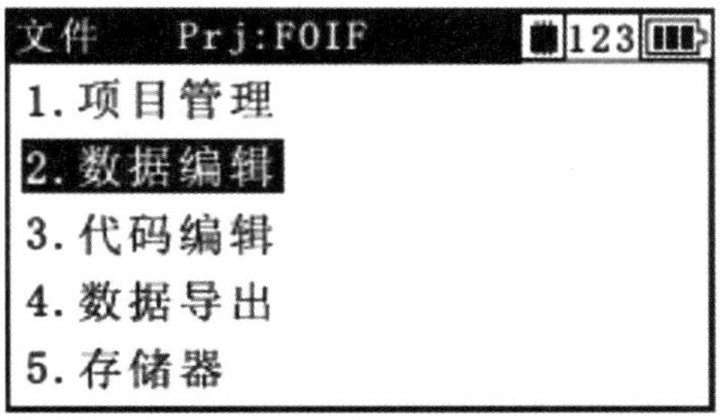

文件 Prj:FOIF
123
1.项目管理
2.数据编辑
3.代码编辑
4.数据导出
5.存储器

图 3-32　文件界面

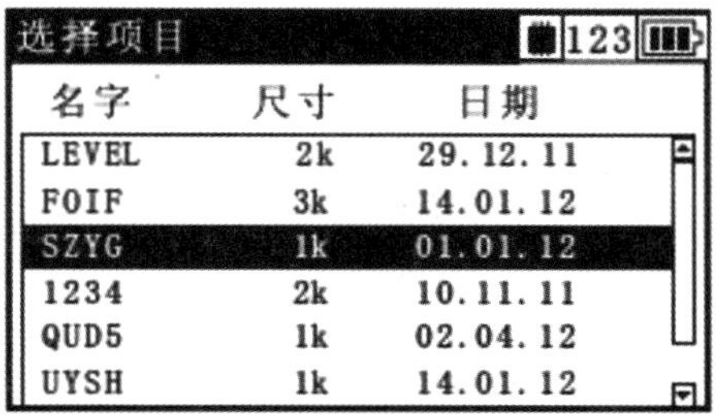

选择项目
123
名字
尺寸
日期
LEVEL 2k 29.12.11
FOIF 3k 14.01.12
SZYG 1k 01.01.12
1234 2k 10.11.11
QUD5 1k 02.04.12
UYSH 1k 14.01.12

图 3-33　数据传出

通过 RS232C 电缆将仪器连接到 PC，PC 端运行数据传输软件，定义 PC 端文件保存目录，按方向键【上下】选择要导出数据的项目。

按回车键确认传输，仪器显示正在传输，传输完成后，自动返回文件选择界面。

（六）天宝 DINI 系列数字水准仪

1. 主菜单功能

天宝 DINI 系列数字水准仪的主菜单功能见表 3-4。

表 3-4　　　　天宝 DINI 系列数字水准仪主菜单功能

主菜单	子菜单	子菜单	描　　述
1. 文件	工程菜单	选择工程	选择已有工程
		新建工程	新建一个工程
		工程重命名	改变工程名称
		删除工程	删除已有工程
		工程间文件复制	在两个工程间复制
	编辑器		编辑已存数据、输入、查看数据、输入改变代码列表
	数据输入/输出	DINI 到 USB	将 DINI 数据传输到数据棒
		USB 到 DINI	将数据棒数据传入 DINI
	存储器	USB 格式化	记忆棒格式化，注意警告信息
			内/外存储器，总存储空间，未占用空间，格式化内/外存储器
2. 配置	输入		输入大气折射、加常数、日期、时间
	限差/测试		输入水准线路限差（最大视距、最小视距高、最大视距高等信息）
	校正	Forstner 棋	视准轴校正
		Nabauer 模式	视准轴校正
		Kukkamaki 模式	视准轴校正
		日本模式	视准轴校正
	仪器设置		设置单位、显示信息、自动关机、声音、语言、时间
	记录设置		数据记录、记录附加数据、线路测量单点测量、中间点测量
3. 测量	单点测量		单点测量
	水准线路		水准线路测量
	中间点测量		基准输入
	放样		放样
	断续测量		断续测量
4. 计算	路线平差		线路平差

2. 配置菜单

主菜单界面如图 3-34 所示。

在主菜单界面进入配置菜单，可以设置时间、日期、单位等信息，以及进行仪器校正。

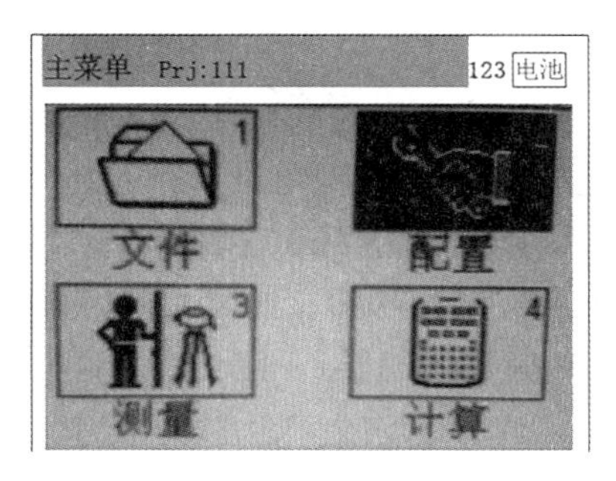

图 3-34　主菜单界面

按压“配置”进入“配置菜单”，如图 3-35 所示。

配置菜单 123
1 输入
2 限差/测试
3 校正
4 仪器设置
5 记录设置

图 3-35　配置菜单界面

（1）选择“输入”

使用导航键选择大气折射、加常数、日期、时间。按回车键存储。

（2）选择“限差/测试”

- 用导航键选择：最大视距范围、最大视距、最小视距高、最大视距高。
- 按回车键进入第二页：用导航键上下健选择限差。
- 用导航键向下翻到第二页：可以输入最大限差、选择或清除 30cm 检测。
- 向下翻到第三页，选择单站前后视距差、水准线路前后视。按压存储返回到配置菜单页。

（3）选择“校正”

- 屏幕显示旧值/新值校正时选择地球曲率改正、大气折射改正开或关。按回车或按压“继续”进入下一页。
- 选择“确定”进行仪器检验，或者选择“取消”退出，若选择“确定”，进入校正模式页，选择校正方法。

（4）在配置菜单页中选择“仪器设置”

- 选择高度单位：m、ft 或者 in；
- 输入单位：m、ft 或者 in；
- 显示选择的十进制单位；
- 选择自动关机时间（但在继续测量和与电脑或记忆卡连接时不会自动关机）；

- 利用复选框选择或开/关声音、选择显示语言、选择时间、日期等。按压存储返回到配置菜单。

（5）在配置菜单中选择“记录设置”

- 选择或清除记录复选框，开/关数据记录。
- 选择数据记录：R-M 只保存测量数据，RMC 既保存测量数据又保存计算数据。
- 选择（是否）记录附加数据：时间，温度，按回车进入第三页。

设置线路测量输入点号自动增加和起始点号，按压回车确认。

3. 测量

在主菜单（图 3-34）按压“测量”，进入测量菜单界面，如图 3-36 所示。

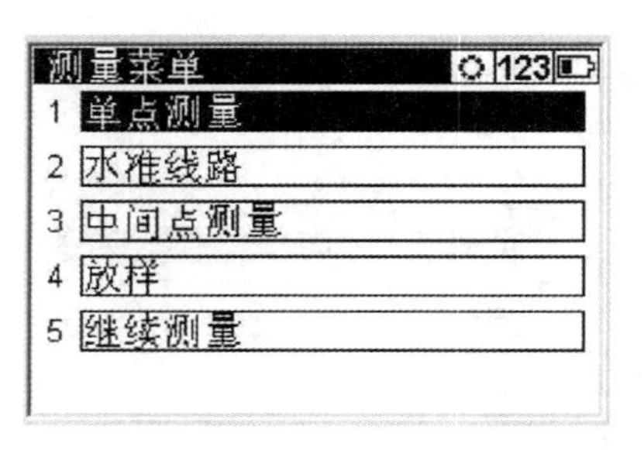

图 3-36　测量菜单界面

在测量菜单界面可以选择相应的测量。

选择“水准路线”进入如图 3-37 的水准线路测量界面。

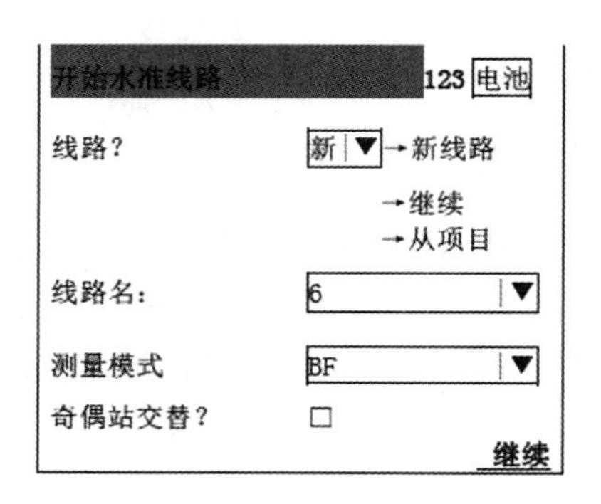

图 3-37　水准线路界面

选择线路，如果选择“继续”，则继续未完成的测量，如选“从项目”需输入线路名。可以对数据进行平差。

线路选择结束，按继续或者回车键进入选择测量模式界面，测量模式有：BF（后前）、BFFB（后前前后）、BFBF（后前后前）、BBFF（后后前前）和 FBBF（前后后前）几种形式，选择“结束”按回车键进入下一页。

选择复选框确定是否奇偶站交替，按回车键进入下一页；

选择或者输入点号，按回车键进入下一页；

选择或者输入代码，按回车键进入下一页；

输入基准点高程，按回车键进入水准线路界面。

（1）瞄准水准尺，按 / 键进行后视测量，测量完后视将显示读数，如图 3-38 所示。

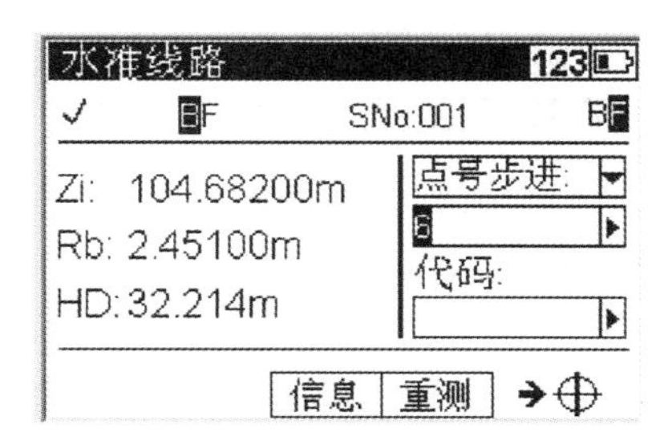

图 3-38　水准线路界面

测量完毕，自动记录并自动增加点号或者输入。

测量结束，如果想要重复最后一次测量，请在以下菜单选择，如图 3-39 所示。

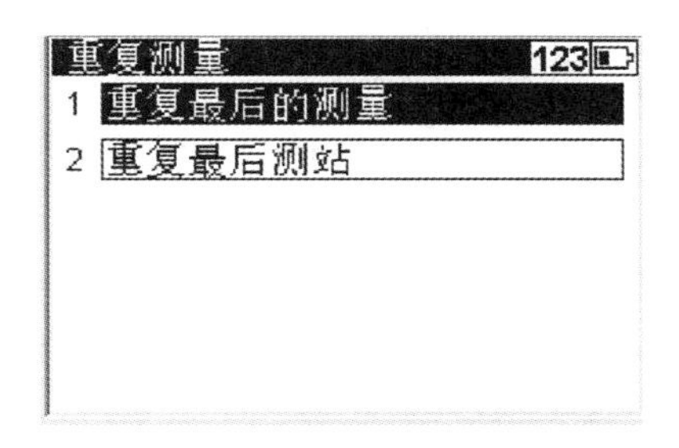

图 3-39　重复测量

（2）当完成一站的测量时，可以进行中间点测量。

（3）结束线路水准测量，如图 3-40 所示。

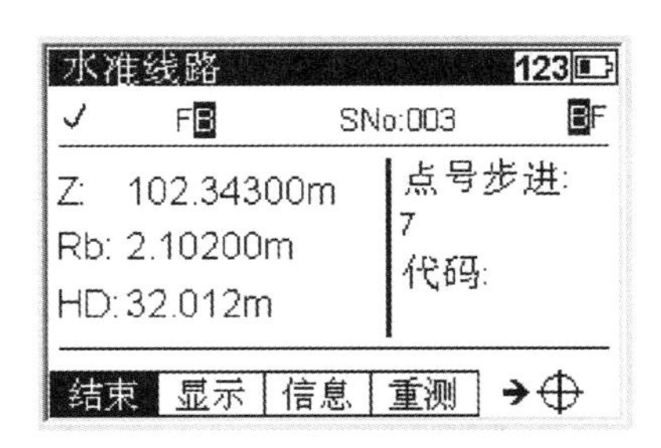

图 3-40　水准线路界面

点击“结束”结束水准线路，选择是在已知点结束测量还是在未知点结束测量，如图 3-41 所示。

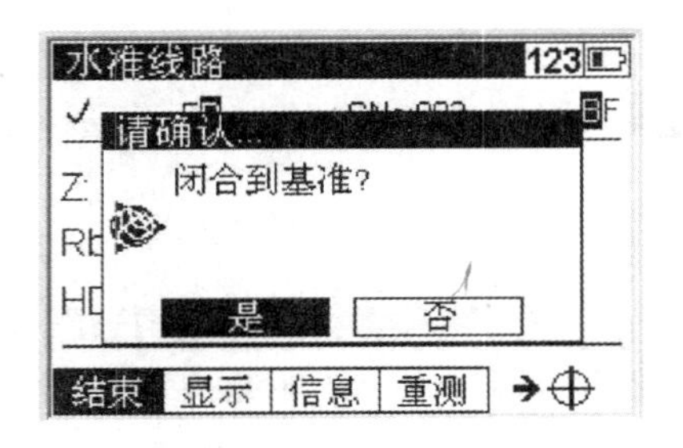

图 3-41　水准线路结束界面

选择“是”，进入如图 3-42 所示的结束水准线路界面。

图 3-42　结束水准线路

选择：

A：不作任何改变

B：输入点号/代码/高程出现起始点、代码。

C：选择存储点的高程

选择“结束”结束水准线路，结果如图 3-43 所示。

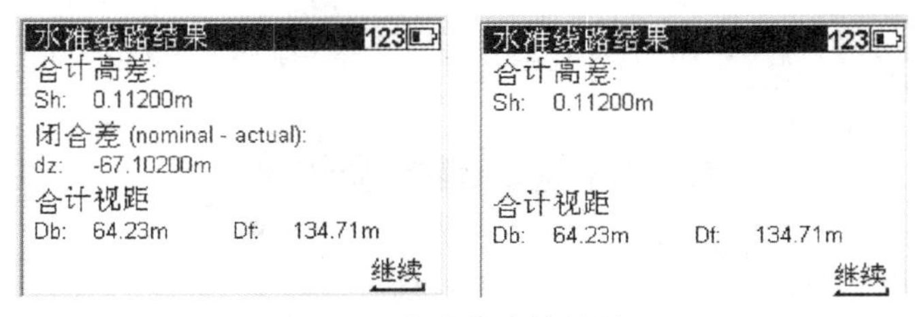

图 3-43　水准线路结果界面

4. 数据传输

仪器接收机（DINI TO PC）的步骤：

（1）通过电缆（PN 73840019）将 DINI 连接到 PC；

（2）PC 端运行数据传输软件；

（3）选择设备“DINI USB”，如图 3-44 所示。

按“接受”键，选择要传输到 PC 的文件，定义 PC 端文件保存目录，开始传输。

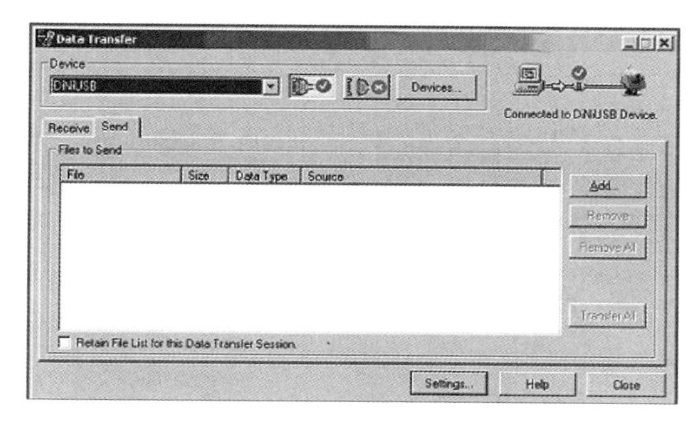

图 3-44　数据传输界面

仪器可以进行平差计算，由于工程项目多数都是将数据传输到 PC 接收机进行平差，因此，本书不再赘述。

仪器的放样测量，以及蓝牙/串口测量等功能，本书受篇幅所限，不在此处介绍。读者可以参考仪器说明书。

二、电子全站仪

（一）电子全站仪简介

电子全站仪是一种利用机械、光学、电子等元件组合而成，可以同时进行角度（水平角、垂直角）测量和距离（斜距、平距、高差）测量，并可进行有关计算的高科技测量仪器。由于只要在测站上一次安置该仪器，便可以完成该测站上所有的测量工作，故称为“电子全站仪”，简称“全站仪”（Total Station Instrument）。起初的全站仪是将电子经纬仪和测距仪组装在一起，并可分离成两个独立的部分，称为积木式全站仪。后来改进为将光电测距仪的调制光发射接收系统的光轴和经纬仪的视准轴组合成分光同轴的整体式全站仪，并配置电子计算机的微处理机和系统软件，使其具有将测量数据储存、计算、输入、输出等功能。通过输入、输出设备，可以与计算机交互通信，使测量数据直接进入计算机，据此进行计算和绘图；测量作业所需要的已知数据也可以从计算机输入全站仪。一些全站仪将电荷耦合器件（CCD—Charge Coupled Device）与传动马达相结合，使具有对目标棱镜的自动识别、跟踪和瞄准（ATR，Automatic Target Recognition）功能；CCD 还用于度盘读数、构成电子水准器等。一些全站仪将全球定位系统（GPS）接收机与之结合，以解决仪器自由设站的定位问题。全站仪的这些功能不仅使测量的外业工作高效化，而且可以实现整个测量作业的高度自动化。电子全站仪已广泛用于控制测量、地形测量、施工放样等方面的测量工作。一般全站仪的功能组合框图如图 3-45 所示。

图 3-46～图 3-48 为几种常用的全站仪，图 3-46 为苏一光 RTS 110 全站仪，图 3-47 为南方 NTS-340 全站仪，图 3-48 为拓普康 DS-102AC 全站仪。

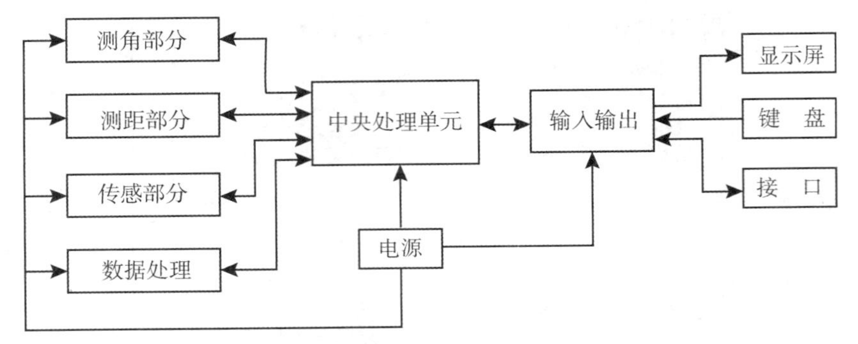

图 3-45　全站仪的组合框图

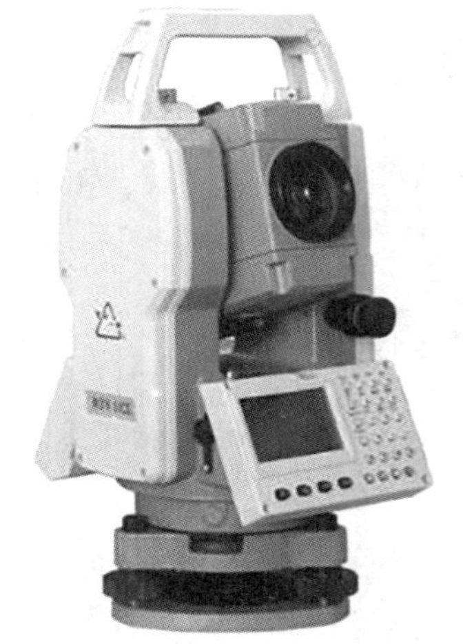

图 3-46　苏一光 RTS 110 全站仪

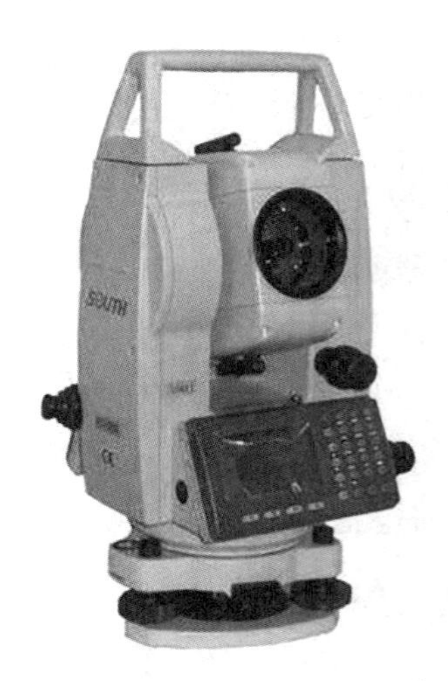

图 3-47　南方 NTS-340 全站仪

图 3-48　拓普康 DS-102AC 全站仪

（二）苏一光 RTS110 全站仪的使用

RTS110 全站仪是苏州一光仪器有限公司研制的电子全站仪，该仪器的测角精为 $\pm 2''$；测程分别为：单棱镜：5000m，免棱镜：350~1500m，反光片：500~1500m；测距精度为 $\pm(2\text{mm}+2\times10^{-6}\cdot D)$；可采用 RS-232C、USB、蓝牙进行数据通信，内存为 120000 点。RTS110 全站仪的操作面板如图 3-49 所示。

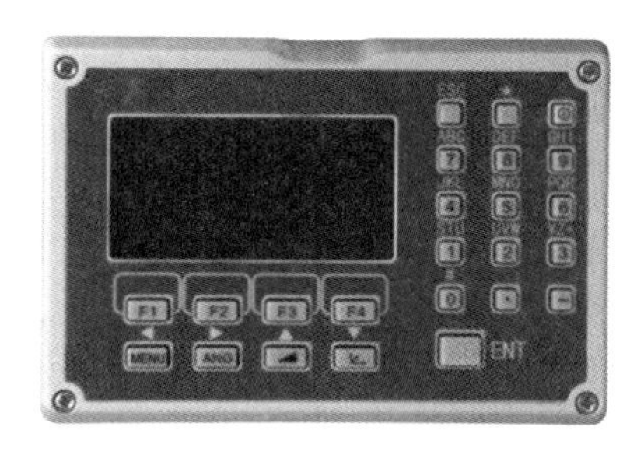

图 3-49　RTS110 全站仪的操作面板

1. 角度测量

①仪器显示分菜单模式（图 3-50）与测量模式（图 3-51）两种，在测站安置全站仪，开机后照准目标点 A，在测量模式中选择角度测量，通过“置零”按钮将目标点 A 水平方向设置为零。

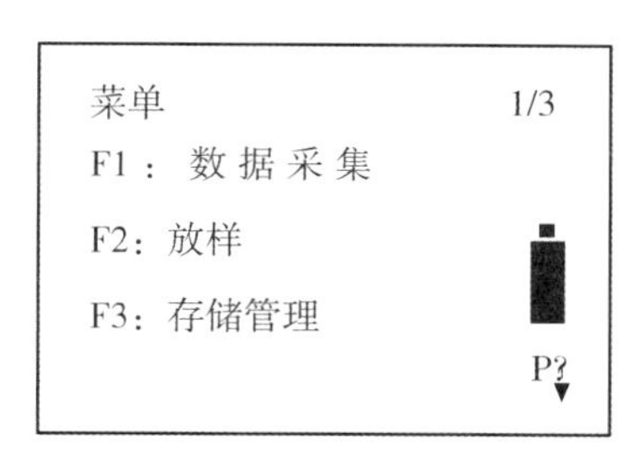

图 3-50　RTS110 的菜单模式

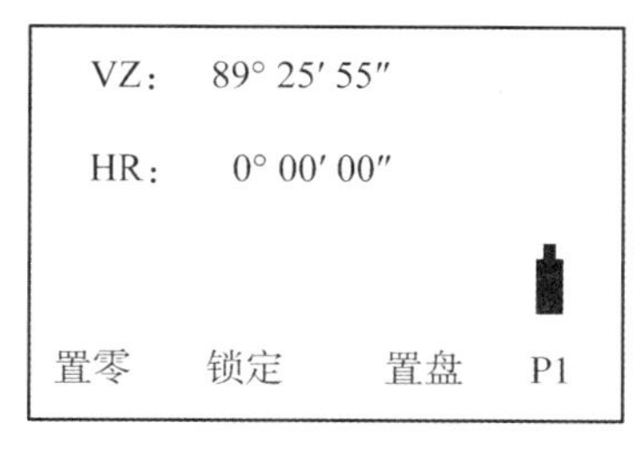

图 3-51　水平方向设置为零

②照准第二个目标点 B，仪器显示目标 A 与 B 的水平夹角和 B 的垂直角，如图 3-52 所示。

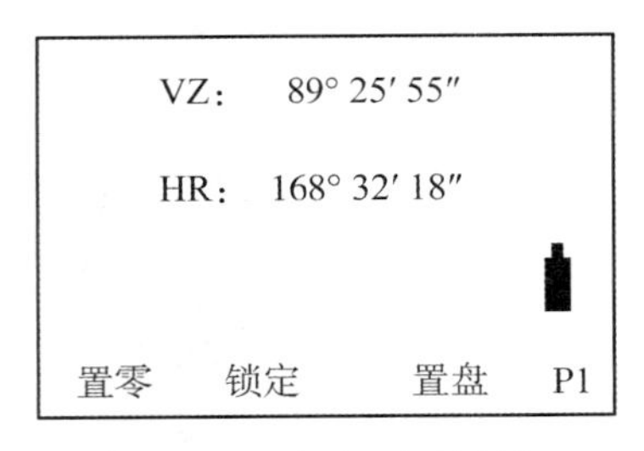

图 3-52 角度测量结果

2. 距离测量

①在角度测量模式下，按两次切换键进入平距（高差）测量模式，如图 3-53 所示。

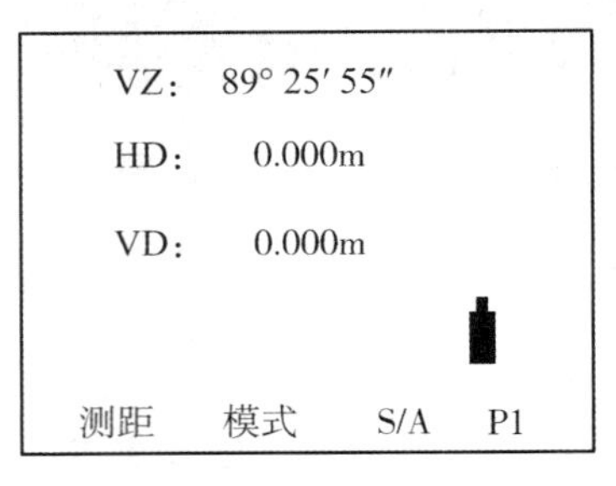

图 3-53 距离测量界面

②照准棱镜中心。

③按“测距”键，开始进行距离测量。

④显示测量结果，如图 3-54 所示，其中“HD”表示水平距离值，“VD”表示高差值。

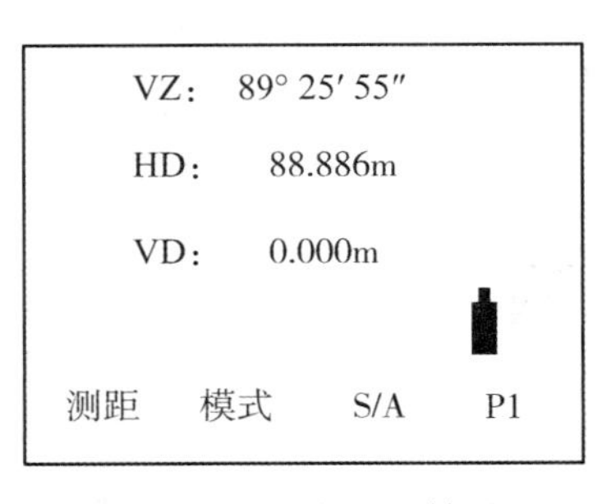

图 3-54 距离测量结果

3. 坐标测量

按切换键进入坐标测量模式，如图 3-55 所示，在输入测站点坐标、仪器高、目标高和后视坐标（或方位角）后，用坐标测量功能可以测定目标点的三维坐标。

（1）设置测站点坐标

在坐标测量之前要设置测站点坐标，在坐标测量界面第 2 页（P2）功能中，按“测

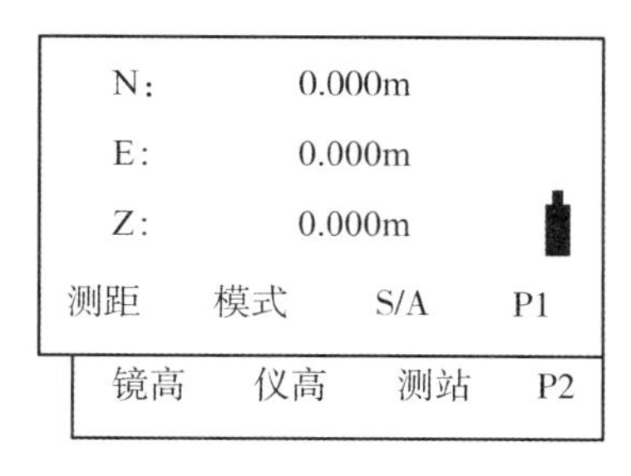

图 3-55 坐标测量界面

站”进入测站点坐标输入界面，如图 3-56 所示，输入测站点坐标后按“确认”，仪器回到坐标测量模式第 2 页（P2）。

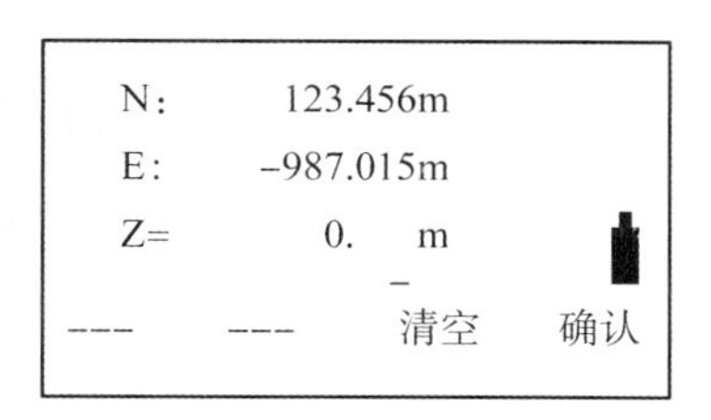

图 3-56 输入测站坐标界面

（2）在坐标测量界面第 3 页（P3）功能中，按“后视”进入后视定向，输入后视点坐标后按“确认”，显示定向的方位角，如图 3-57 所示。照准后视点棱镜中心，按“是”，则当前水平角被置为方位角，仪器回到坐标测量模式第 3 页（P3）。

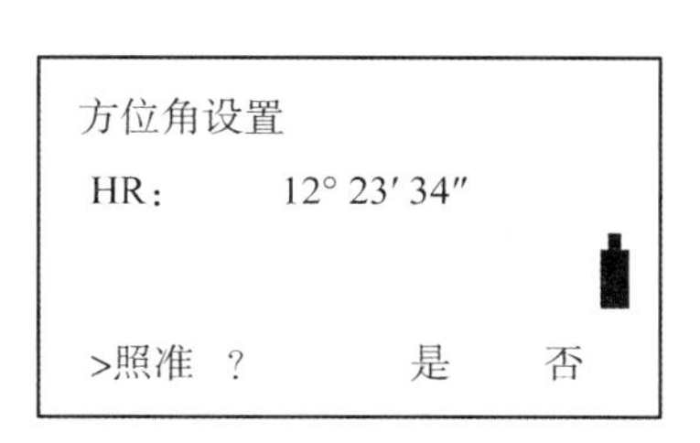

图 3-57 后视定向方位角

（3）坐标测量。后视定向结束，返回坐标测量模式第 1 页（P1），照准目标点，按“测距”，完成测量后，仪器显示目标点坐标，如图 3-58 所示。

（三）南方 NTS-340 全站仪的使用

NTS-340 全站仪是南方测绘研制的电子全站仪，该仪器的测角精度为 ±2″；测程分别为：单棱镜：5000m，免棱镜：500m；测距精度为 2+2ppm；可采用 USB 通信（与电脑及其他外设通信）、SD 卡传输数据、U 盘传输数据以及蓝牙传输数据，内存为 8000 点。NTS-340 具有 Windows 中文操作系统，可实现电脑化操作。NTS-340 全站仪的操作面板如

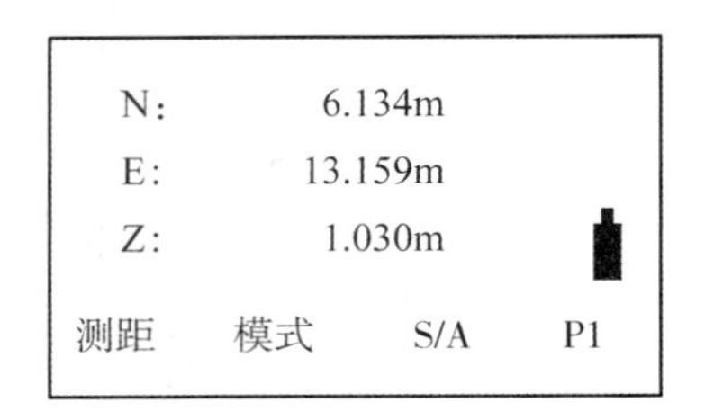

图 3-58　坐标测量结果

图 3-59 所示。

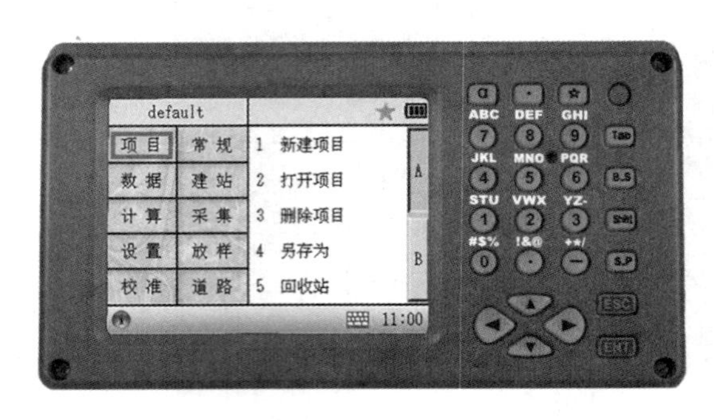

图 3-59　NTS-340 全站仪的操作面板

NTS-340 全站仪在常规测量程序下，可完成基本的测量工作，其常规测量程序菜单如图 3-60 所示。

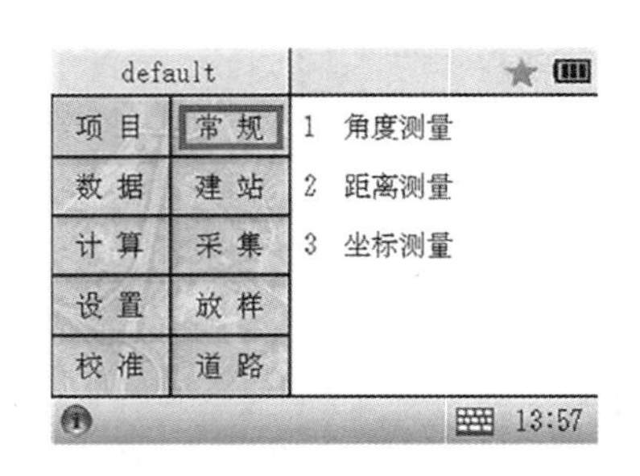

图 3-60　NTS-340 全站仪的常规测量程序菜单

1. 角度测量

（1）在测站安置全站仪，开机后照准目标点 *A*，从常规测量程序菜单选择角度测量，进入角度测量界面，如图 3-61 所示。通过“置零”将目标点 *A* 水平方向设置为零。

（2）角度测量界面中“V”为显示的天顶距；“HL”为水平左角；“置零”表示将当前水平角度设置为零；“保持”表示保持当前角度不变，直到释放为止；“置盘”表示通过输入设置当前的角度值；“v/%”表示垂直角可在普通和百分比之间进行切换；“R/L”表示水平角显示可在左角和右角之间转换。

（3）照准第二目标点 *B*，所显示的水平角“HL”即为两目标间的水平夹角。也可利

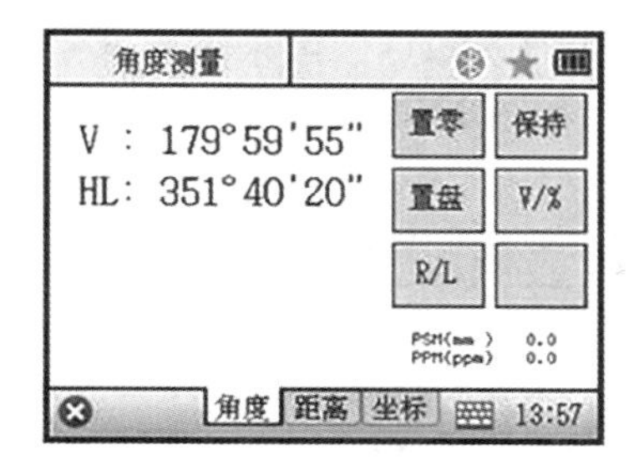

图 3-61　角度测量界面

用水平角设置功能可将起始照准方向值设置成所需的值，然后进行角度测量。利用天顶距可以测定目标的竖直角。

2. 距离测量

(2) 从常规测量程序菜单选择距离测量，进入距离测量界面，如图 3-62 所示。

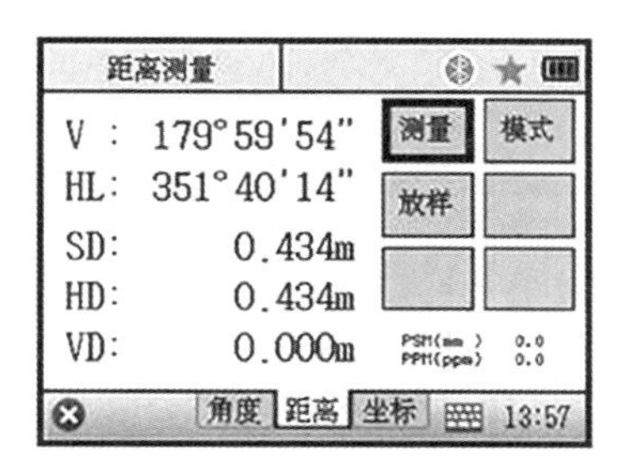

图 3-62　距离测量界面

(2) 照准棱镜中心。

(3) 按【测量】键，开始进行距离测量。

(4) 显示测量结果，如图 3-62 所示，其中“SD”表示斜距值，“HD”表示水平距离值，“VD”表示高差值。

3. 坐标测量

在输入测站点坐标、仪器高、目标高和后视坐标（或方位角）后，用坐标测量功能可以测定目标点的三维坐标。

(1) 设置测站点坐标：在坐标测量之前要进行已知点建站，从全站仪的主程序菜单中选择建站，进入建站界面，如图 3-63 所示。

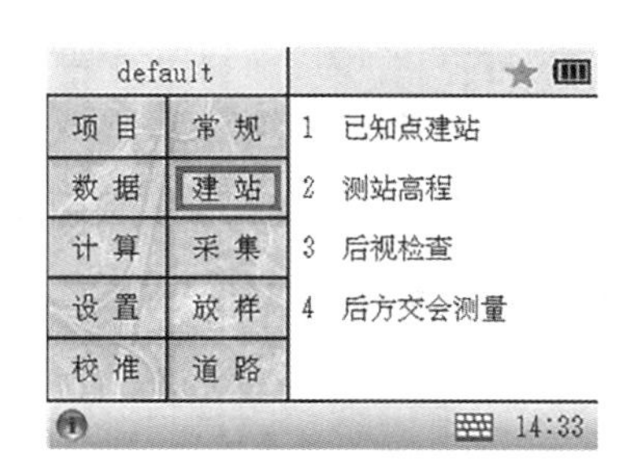

图 3-63　建站界面

（2）如果测站点和后视点均为已知点，可采用已知点建站方式进行建站，选择已知点建站，进入已知点建站界面，如图 3-64 所示。

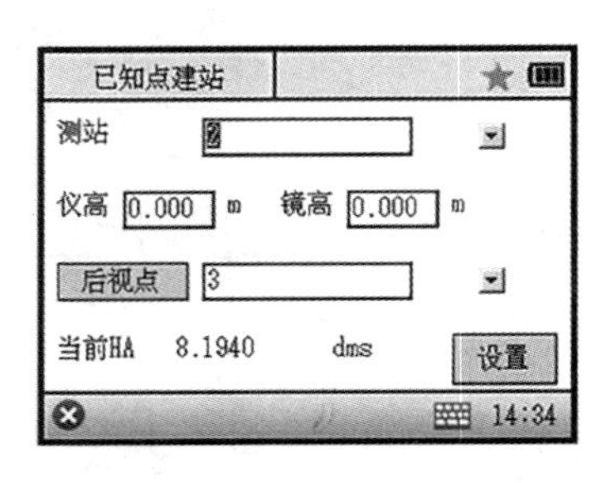

图 3-64　已知点建站界面

（3）在已知点建站界面，输入测站点号、仪器高、棱镜高以及后视点点号。

（4）从建站界面进入后视检查，如图 3-65 所示。瞄准后视点，检查当前的角度值与设站时的方位角是否一致，其中 dHA 为 BS 和 HA 两个方向的差值，应在允许范围之内。

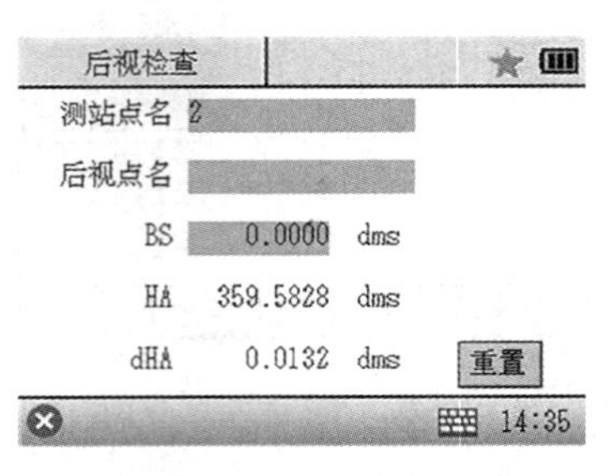

图 3-65　后视检查界面

（5）坐标测量：从常规测量程序菜单选择坐标测量，进入坐标测量界面，如图 3-66 所示。照准目标点，按【测量】键，完成测量后，仪器显示目标点坐标。

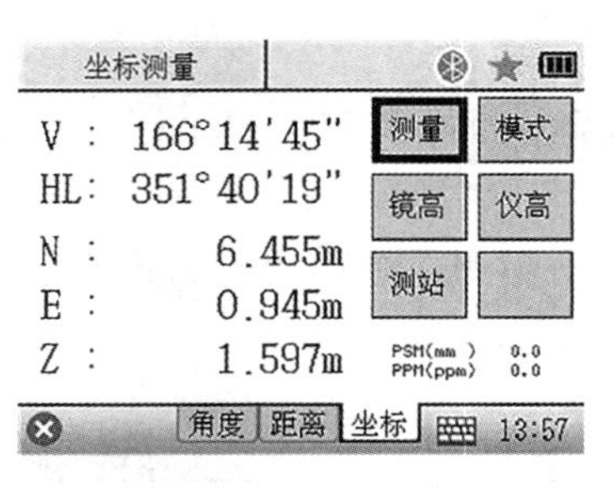

图 3-66　坐标测量界面

（四）拓普康 DS-102AC 全站仪的使用

DS-102AC 全站仪是拓普康公司研制的电子全站仪，该仪器的测角精度为 ±2″；测程分别为：单棱镜：3000m，三棱镜：4000m，无棱镜：1000m；测距精度为 2+2ppm；可采用 USB、RS232C 电缆以及蓝牙传输数据，内存为 24000 点。DS-102AC 全站仪具有自动照准功能，采用全新的智能算法能精确自动修正照准时的角度读数偏差。DS-102AC 全站仪的操作面板如图 3-67 所示。利用键盘上的按键或触摸面板可以在屏幕上进行选择或操作，也可用提供的触摸笔或手指对触摸屏幕进行操作。

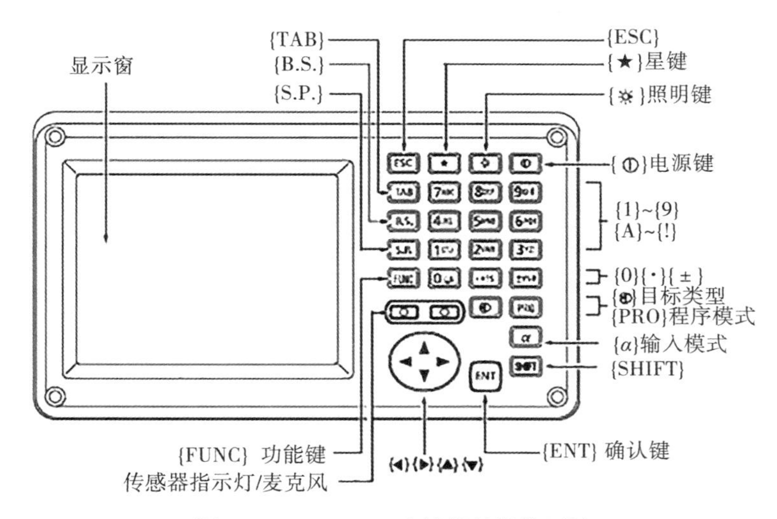

图 3-67　DS-102AC 全站仪的操作面板

1. 角度测量

DS-102AC 全站仪主菜单界面如图 3-68 所示，从主菜单中选择测量模式进入测量模式界面，如图 3-69 所示，利用置零功能，将任何方向的水平方向值设置为零，来测定两点间的水平夹角。

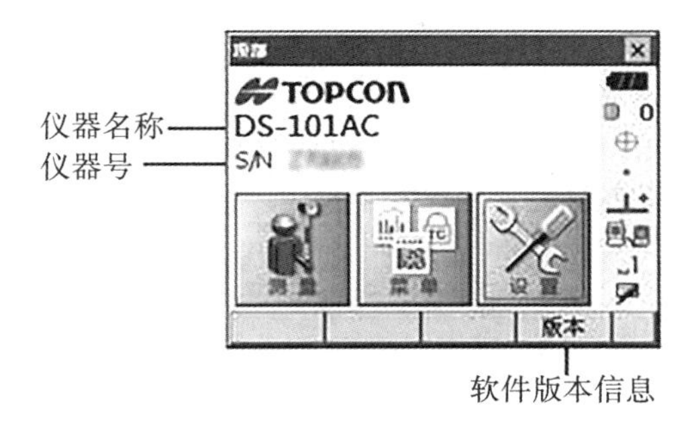

图 3-68　DS-102AC 全站仪的主菜单

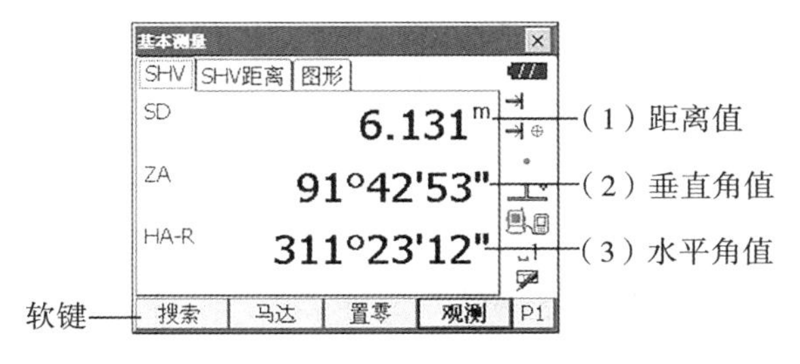

图 3-69　DS-102AC 全站仪的测量模式

在测站安置全站仪，照准目标点 *A*，进入测量模式界面，如图 3-70 所示。通过【置零】功能键将目标点 *A* 水平方向设置为零，如图 3-70 所示。

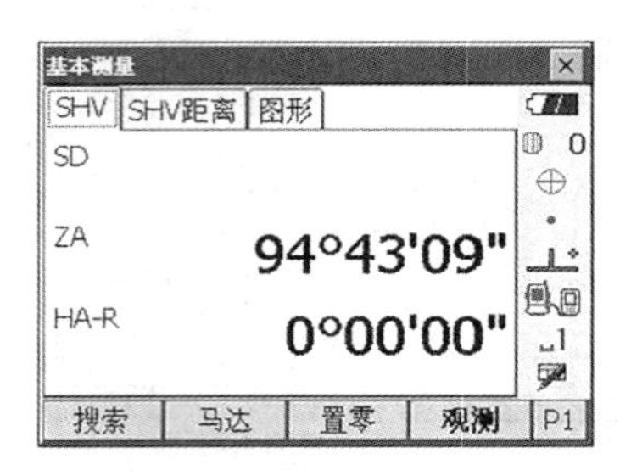

图 3-70　水平方向置零后的结果

照准第二目标点 *B*，所显示的水平角值（HA-R），即为两目标点间的夹角，如图 3-71 所示。

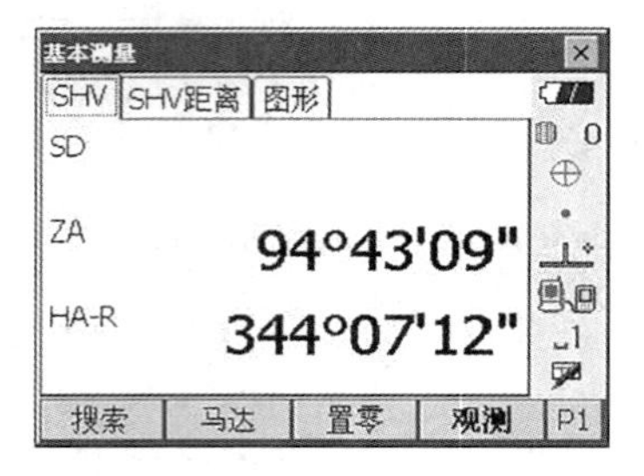

图 3-71　两目标点间的夹角

测量模式界面中“ZA”为显示的天顶距，利用天顶距可以测定目标的竖直角。

2. 距离测量

进入测量模式界面，照准棱镜中心，按【观测】键，开始进行距离测量，显示测量结果，如图 3-72 所示，显示的 SD（2. 148m）表示斜距值，按【SHV 距离】键可以同时显示斜距值（SD）、水平距离值（HD）和表示高差值（HD）。

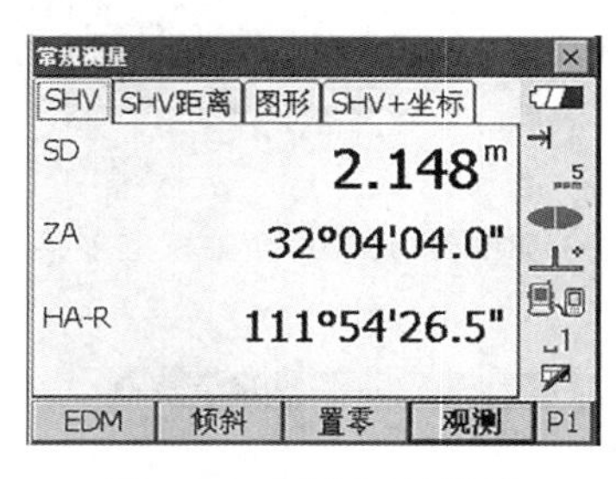

图 3-72　距离测量结果

3. 坐标测量

在输入测站点坐标、仪器高、目标高和后视坐标（或方位角）后，用坐标测量功能可以测定目标点的三维坐标。

（1）测站设置。从主菜单中进入常用测量菜单，如图 3-73 所示，从中选择“1. 坐标测量”，如图 3-74 所示，选择“测站设置”，如图 3-75 所示，并输入测站坐标、仪器高（HI）和棱镜高（HR）。

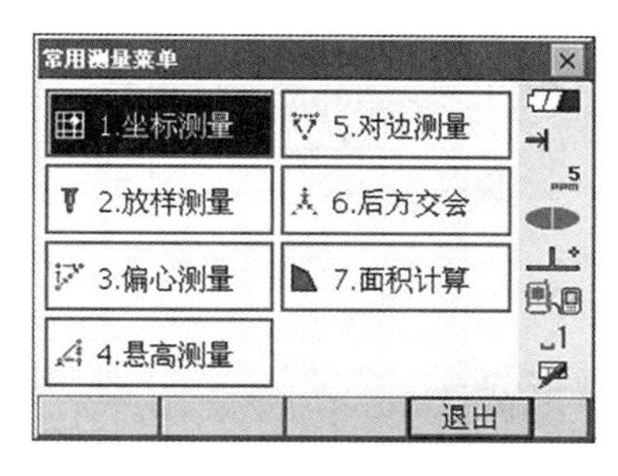

图 3-73　常用测量菜单

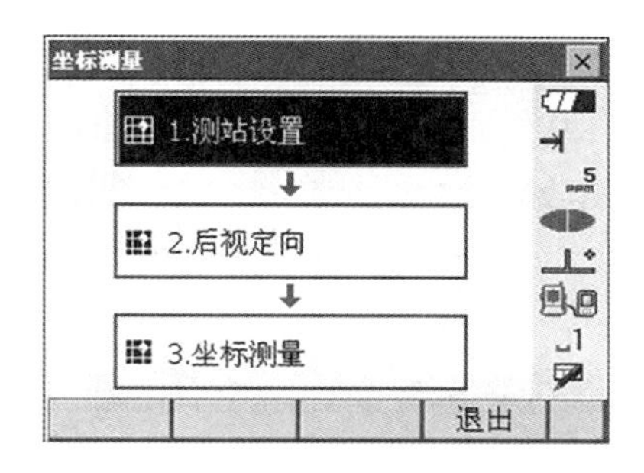

图 3-74　坐标测量菜单

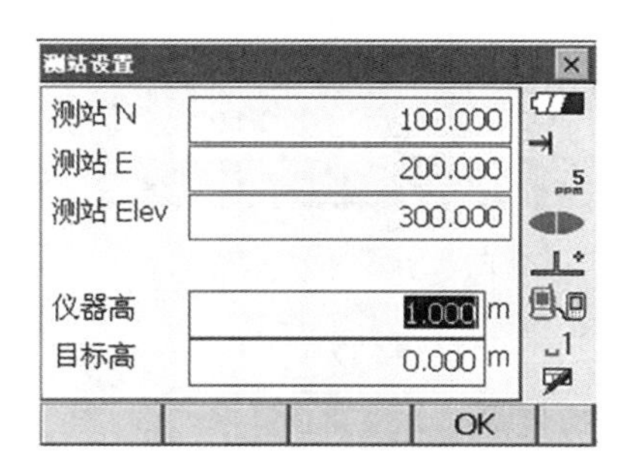

图 3-75　测站设置界面

（2）后视定向。在“坐标测量”界面，选择“后视定向”，如图 3-76 所示，从中选择输入坐标，输入后视点坐标。照准后视点，按【观测】键。按【停止】键显示由测站点和后视点坐标反算出的距离值、仪器所测距离和二者之间的差值。按【是】键设置后视方位角，如图 3-77 所示，并返回“坐标测量”界面。也可通过设置后视方位角进行后视定向。

（3）坐标测量。从“坐标测量”界面选择坐标测量，照准目标点，按【坐标测量】键，如图 3-78 所示，完成测量后，按【图形】键，仪器显示目标点坐标。

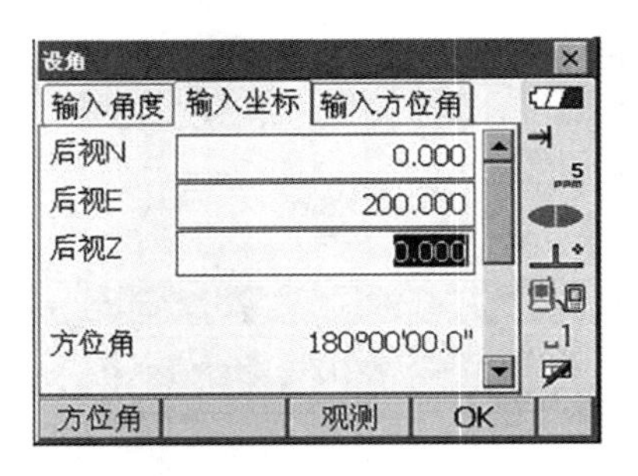

图 3-76　后视定向菜单

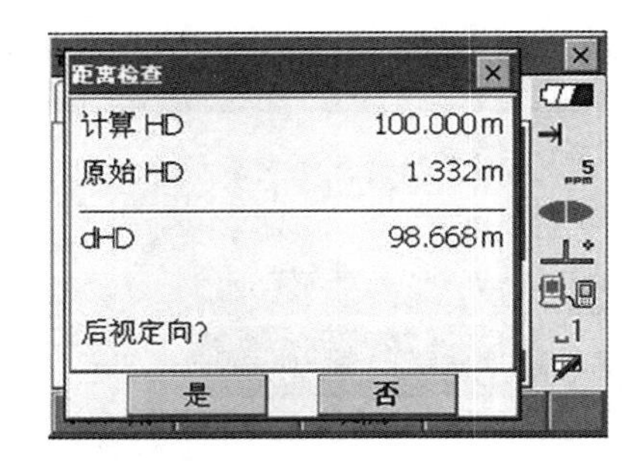

图 3-77　后视定向检查界面

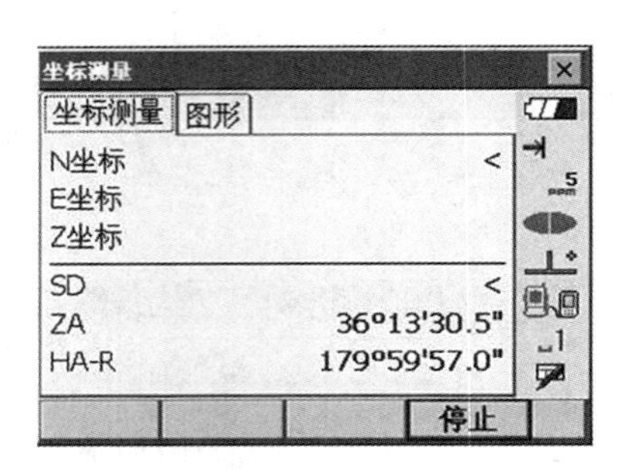

图 3-78　坐标测量界面

（五）徕卡 TM50 全站仪的使用

徕卡 TM50 全站仪是徕卡研制的电子全站仪，该仪器的测角精度为 0.5″；测程分别为：单棱镜 3500m，360°棱镜 2000m，360°迷你棱镜 1000m，迷你棱镜 2000m，反射贴片 250m，免棱镜 1000m；测距精度为 1mm+1ppm；可采用 USB 通信，SD 卡传输数据，蓝牙数据传输以及 U 盘传输数据，内存为 1750000 点。徕卡 TM50 全站仪的操作面板如图 3-79 所示。

徕卡 TM50 全站仪在“开始测量”菜单下，利用测量功能可完成基本的测量操作，开始测量菜单测量程序如图 3-80 所示。

1. 角度测量和距离测量

徕卡 TM50 全站仪可同时进行角度测量与距离测量。

（1）安置全站仪，开机后在操作面板中选择用户菜单，在“系统设置”→“本地设置”中设置水平角和垂直角的显示方式，如图 3-81 所示。在实际测量中一般会将水平角

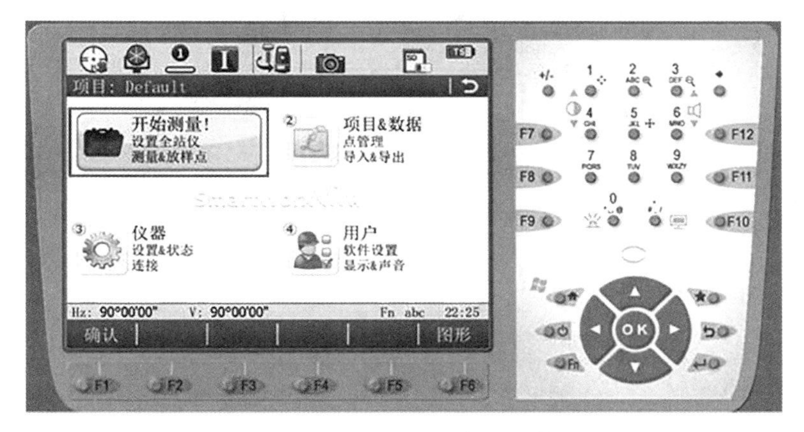

图 3-79　徕卡 TM50 全站仪的操作面板

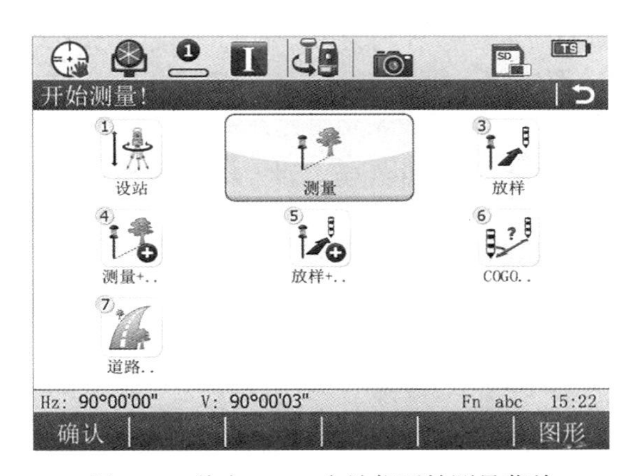

图 3-80　徕卡 TM50 全站仪开始测量菜单

显示方式设置为北方位角，将垂直角显示方式设置为天顶距。

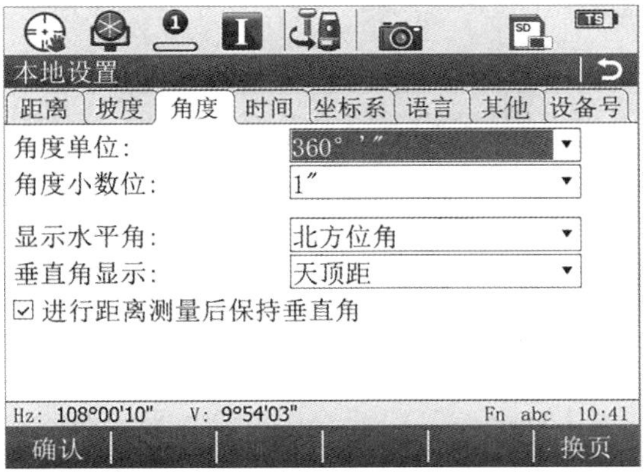

图 3-81　水平角和垂直角显示方式设置

（2）从开始测量菜单进入开始测量界面，选择测量程序，如图 3-82 所示。

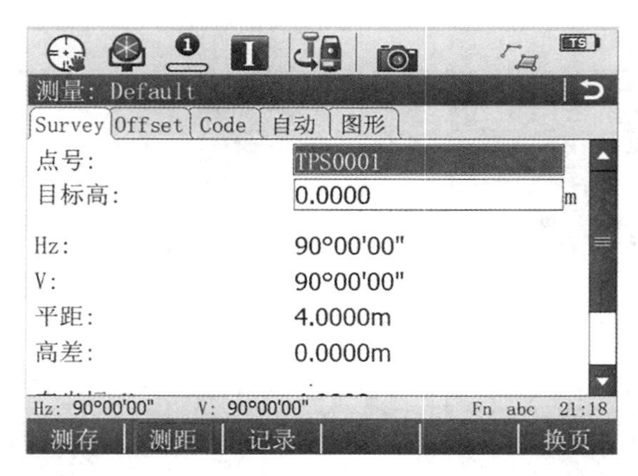

图 3-82　徕卡 TM50 全站仪测量程序界面

（3）照准目标点 A，按【测距】键可直接读取水平方向数值 Hz 和竖直方向天顶距数值 V，例如水平方向和垂直方向读数分别为 H1 和 V1，并且测得平距值和高差值。

（4）顺时针方向转动照准部，瞄准目标点 B，按【测距】键，读取水平方向和垂直方向读数分别为 H2 和 V2，同时测得设站距目标点 B 的平距值和高差值。

（5）利用水平方向读数之差可以计算水平角，利用天顶距可以计算目标的竖直角。

2. 坐标测量

（1）设置测站坐标。对全站仪进行设站设置，从全站仪的开始测量菜单进入开始测量界面，选择设站程序，进入设站程序界面，如图 3-83 所示。

图 3-83　徕卡 TM50 全站仪设站程序界面

（2）徕卡 TM50 有 6 种设站方式。如果测站点和后视点均为已知点，可采用已知后视点设站方式设站。选择已知后视点，按【确认】键，进入设置测站点界面，如图 3-84 所示。该界面通过从已建项目中选取设站点的点号，确定设站点的坐标信息。以图 3-84 为例，如果已知设站点 TPS001 存储在“Default”项目中，则选择项目为“Default”，选择点号为“TPS001”，然后输入仪器高，从图 3-84 中可直观获知设站点的三维坐标东坐标 Y，北坐标 X 和正高。

（3）按【确认】键进入设置测站定向，选择已知后视点点号，输入棱镜高，如图 3-85所示。瞄准后视点，按【测距】键，测得所测后视点与已知后视点之间的平距差和高

设置测站点
测站点选自:
项目
项目:
Default
点号:
TPS0001
仪器高:
1.5000
m
东坐标 Y:
100.0000m
北坐标 X:
20.0000m
正高:
3.0000m
当前尺度:
1.000000000000
Hz: 90°00'00"
V: 90°00'00"
Fn abc 21:52
确认
尺度..
大气..

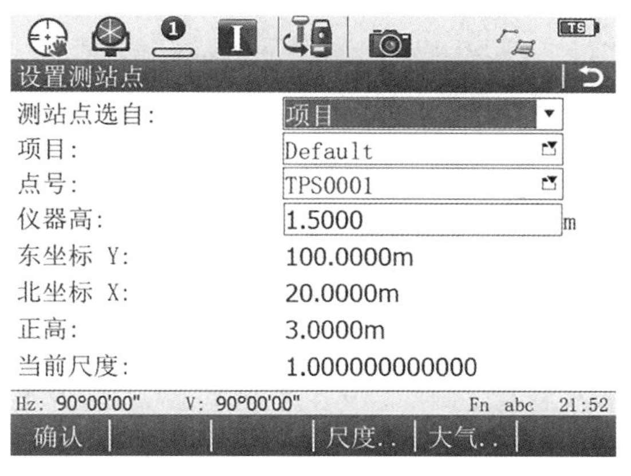

图 3-84 设置测站点界面

差，两差值应在允许范围内，然后按【设置】键，完成设站。

设置测站定向
定向
后视
测站
相机
图形
后视点号:
TPS0002
棱镜高:
0.0000
m
计算的方向角:
299°44'42"
计算的平距:
80.6226m
平距差:

高差:

Hz: 108°00'10"
V: 9°54'03"
Fn abc 09:23
设置
测距
更多
换页

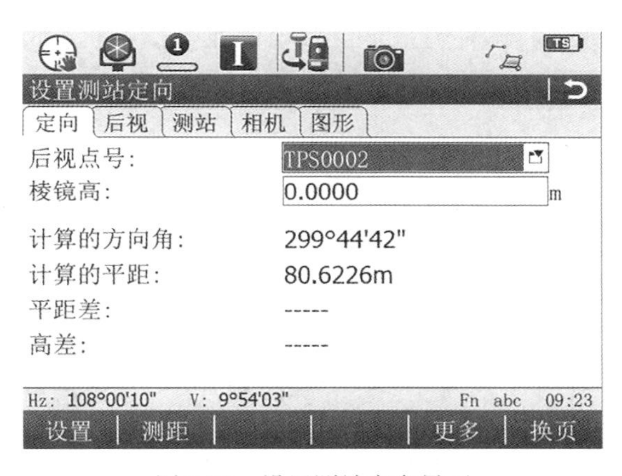

图 3-85 设置测站定向界面

（4）坐标测量。从开始测量菜单选择测量程序，进入测量界面，如图 3-86 所示，按【测距】键可以获取目标点的坐标，然后按【记录】键，可存储目标点坐标，或者直接按【测存】键存储目标点。

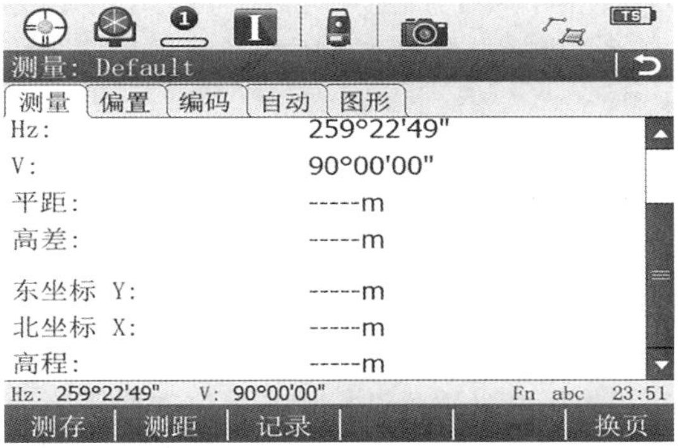

测量: Default
测量
偏置
编码
自动
图形
Hz:
259°22'49"
V:
90°00'00"
平距:
-----m
高差:
-----m
东坐标 Y:
-----m
北坐标 X:
-----m
高程:
-----m
Hz: 259°22'49"
V: 90°00'00"
Fn abc 23:51
测存
测距
记录
换页

图 3-86 坐标测量界面

三、GNSS 接收机

（一）全球导航卫星系统（GNSS）测定点位的原理

全球定位系统（GPS）是“全球测时与测距导航定位系统”（navigation system with time and ranging global positioning system）的简称，是美国于20世纪70年代开始研制的一种用卫星支持的无线电导航和定位系统。由于能独立、快速地确定地球表面空间任意点的点位，并且其相对定位精度较高，因此，从军事和导航的目的开始而迅速被扩展应用于大地测量领域。起先仅用于控制测量，目前已能推广应用于细部测量（地形测量和工程放样）。

继美国的GPS之后，全球卫星定位系统近年又有俄罗斯的“全球导航卫星系统”（ГЛОНАСС，英文简称GLONASS），由欧盟主持的“伽利略卫星定位系统”（Galileo）以及我国近年独立发展的“北斗卫星导航系统”（BD）。

接收机也已有能同时接收多种卫星定位系统的兼容接收机，例如：GPS/GLONASS兼容双频高精度接收机，GPS/GLONASS/Galileo三系统接收机等。兼容接收机提高了定位可靠性和定位精度。

出现这些新情况以后，美国的“全球定位系统”（GPS）的名称已不能涵盖卫星定位的全部内容。故在测绘领域里已将卫星定位的名称改为：“全球导航卫星系统”（Global Navigation Satellite System，简称GNSS），如GNSS控制网，GNSS高程测量等。

GNSS确定地面相对点位的基本原理如图3-87所示，用GNSS接收机接收4颗（或4颗以上）GNSS卫星在运行轨道上发出的信号，以测定地面点至这几颗卫星的空间距离；由于卫星的空间瞬时位置可知，按距离交会的原理可以求得地面点的空间位置。GNSS所采用的坐标系称为WPS-84地心坐标系，它是以地球的质心（质量中心 O）为坐标原点、X 轴和 Y 轴在地球赤道平面内、Z 轴与地球的自转轴相重合的空间三维直角坐标系。例如，地面点 A，B 两点的空间坐标分别为（x_A，y_A，z_A），（x_B，y_B，z_B）。大地测量利用GNSS进行相对定位，其方法是将两台GNSS接收机分别安置于相距不远（一般为数百米至数十千米）的 A，B 两点上，同时观测相同的GNSS卫星的信号（称为同步观测），利用两点同步观测形成的信号电磁波相位差分观测值，能消除信号电磁波传递中多种误差的影响，从而获得较精确的两点间的GNSS基线向量——三维坐标差。

在用GNSS建立的大地控制网中，根据点与点之间测定的基线向量，可由已知点推算待定点在地心坐标系中的三维坐标；再通过坐标变换，化为高斯平面直角坐标和基于大地水准面的高程。

（二）Trimble 5700/5800 GPS 接收机的使用

GPS卫星是以广播方式发送定位信息，GPS接收机是一种被动式无线电定位设备。根据使用目的的不同，主要分为导航型接收机和测地型接收机。测地型接收机用于大地测量、工程测量和地形测量，又分为单频机和双频机。Trimble 5700/5800 GPS接收机属于一种较先进的双频测地型接收机，可用于进行相对定位的静态测量、动态测量和实时动态测量（RTK）等。以后介绍用该GPS接收机进行静态测量和RTK测量的具体方法。

Trimble 5700 GPS接收机如图3-88（a）所示，接收机天线安置于三脚架头，接收机

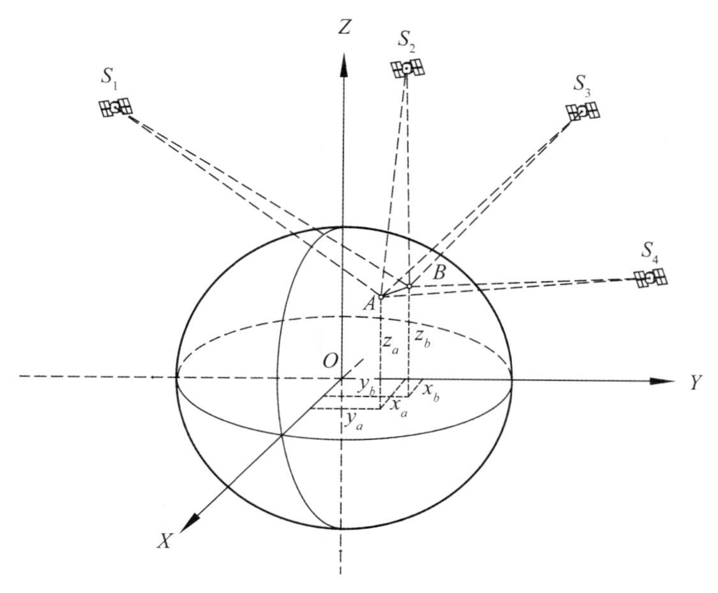

图 3-87　GNSS 坐标系和定位原理

本身（又称信号处理器）可挂于三脚架上。常用于 GPS 静态测量或动态测量中的基准站测量。Trimble 5800 GPS 接收机如图 3-88（b）所示，天线和信号处理器为一整体，可安置于标杆顶部，标杆中部为测量操作用的控制器，一般用于 RTK 测量中的流动站测量。

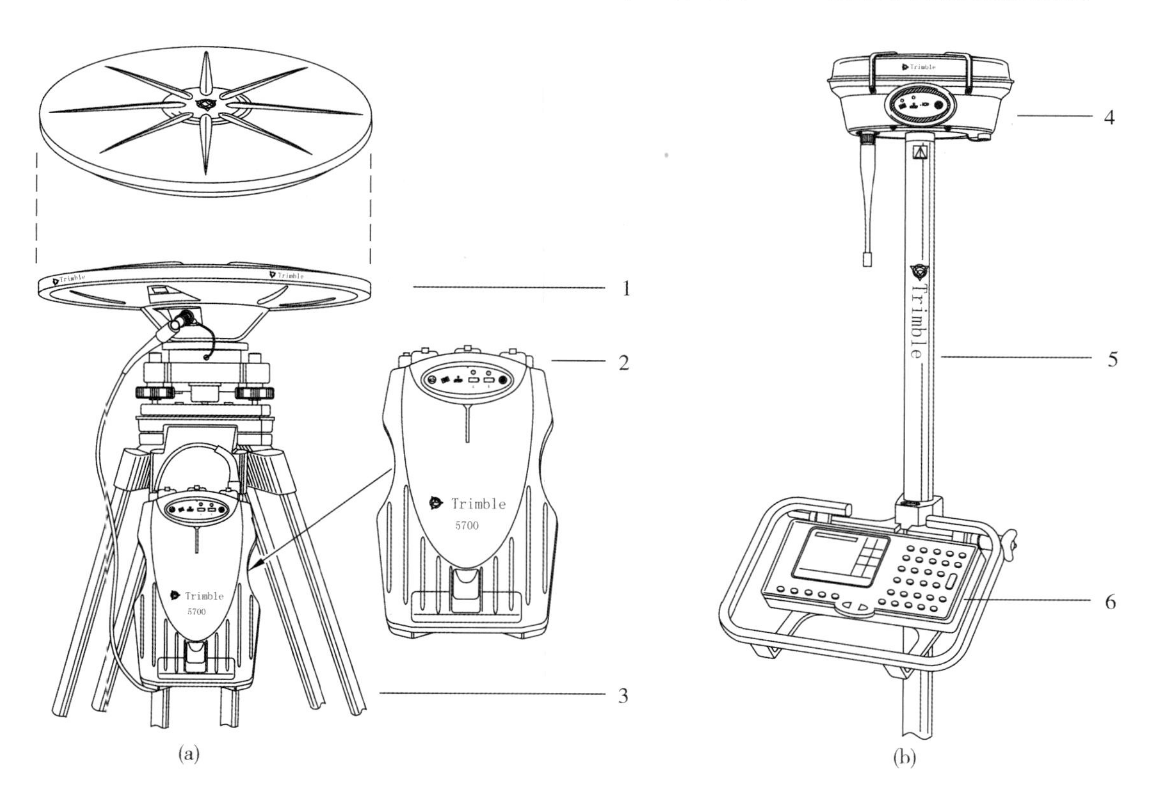

1—接收天线；2—信号处理器；3—三脚架；4—便于移动的天线及信号处理器；5—可伸缩标杆；6—控制器

图 3-88　GPS 接收机

1. Trimble 5700 GPS 接收机面板

Trimble 5700 GPS 接收机及其前面板和接口如图 3-89 所示。以下对接收机的前面板上的操作按钮、指示灯以及接收机顶部的接口作简要说明。

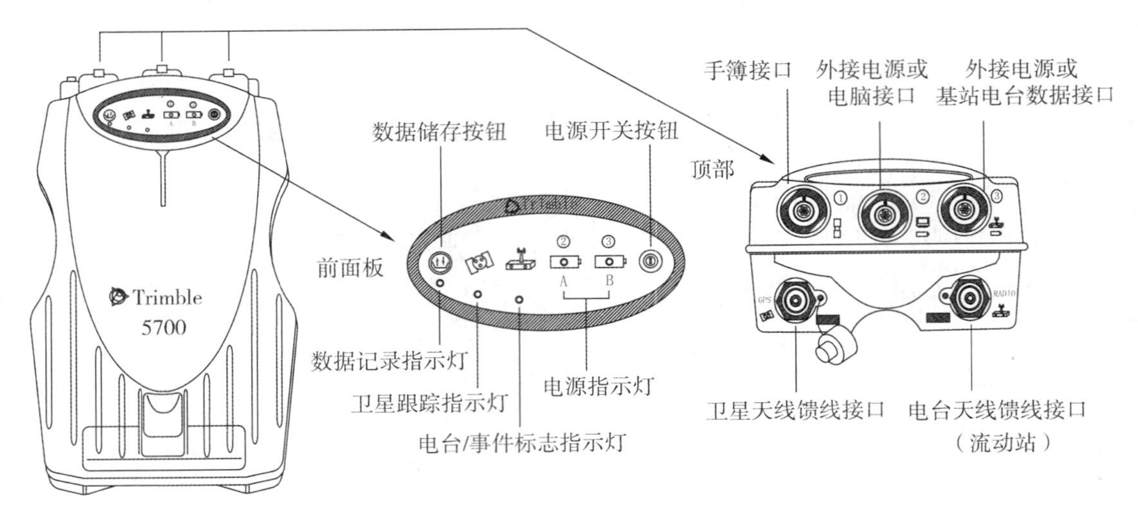

图 3-89 Trimble 5700 GPS 接收机

接收机的前面板上有两个操作按钮：电源开关按钮、数据储存按钮。有 5 个发光二极管（LED）的指示灯：数据记录指示灯（黄色）、卫星跟踪指示灯（红色）、电台/事件标志指示灯（绿色）和两个电源指示灯 A、B（使用时显示绿色，不用时显示黄色）。

2. Trimble 5700 GPS 接收机面板按钮操作

面板按钮操作目的、方法和指示灯显示见表 3-5。

表 3-5 **接收机按钮操作**

操作目的	电源开关按钮	数据存储按钮
打开接收机电源	按下至指示灯亮松开	
关闭接收机电源	按下至指示灯灭松开	
开始数据记录		按下至指示灯亮松开
停止数据记录		按下至指示灯灭松开
删除所有机内存储数据	按住持续 15 秒松开	
恢复厂家设置（RESET）	按住持续 15 秒松开	
删除接收机内置软件	按住持续 30 秒松开	
格式化 PC 卡	按住持续 30 秒松开	

3. Trimble 5700 GPS 接收机指示灯闪烁示意

指示灯闪烁状态反映了接收机的各种作业情况。指示灯闪烁状态分为：常亮、闪烁（每 3 秒钟 1 次）、慢闪（每秒 1 次）、快闪、熄灭。一般情况下，指示灯亮或慢闪反映操作正常，快闪需要注意，熄灭表示无信号或不进行作业。但各种指示灯反映细节有所不同："数据记录指示灯"闪烁状态示意见表 3-6；"卫星跟踪指示灯"闪烁状态示意见表 3-7；"电台指示灯" 慢闪表示接收到信号；"电池指示灯"闪烁状态示意见表 3-8。

表 3-6　**数据记录指示灯状态示意**

状态	示意
常亮	数据正在存储
慢闪	已存够快速静态数据（相对而言），或接收机处于监控状态，检测新的软件安装
快闪	数据正在存储，数据快满
闪烁	接收机处于睡眠状态，并将在预定的开始时间前五分钟启用
熄灭	停止存储数据，PC 卡已满

表 3-7　**卫星跟踪指示灯状态示意**

状态	示意
慢闪	正在跟踪四颗或四颗以上卫星
快闪	跟踪少于四颗卫星
熄灭	未跟踪上卫星
常亮	接收机处于监控状态，检测新的软件安装

表 3-8　**电池指示灯状态示意**

颜色	示意	状态	含义
绿色	电源正在使用	常亮	够用
		闪烁	低电
		熄灭	无电
黄色	电源待用状态	常亮	够用
		闪烁	低电
		熄灭	无电

4. Trimble 5800 GPS 接收机面板和接口

Trimble 5800 GPS 接收机前面板和接口如图 3-90 所示。

Trimble 5800 GPS 接收机的前面板上有电源开关按钮和三个 LED 指示灯：卫星跟踪、电台接收和电源状态指示灯。电源开关按钮的操作与 Trimble 5700 GPS 接收机一样：按一下为开机（ON），按住 2 秒钟后为关机（OFF），按住 15 秒钟后为删除过期文件（已记录数据）和 RESET，按住 30 秒钟后为删除内置软件和格式化；开机时电源指示灯亮，关机时熄灭。卫星跟踪指示灯当跟踪 4 颗以上卫星时慢闪，当跟踪 4 颗以下卫星时快闪。电台接收指示灯当接收到可靠的数据通信链时慢闪，未接收到可靠的数据通信链时熄灭。

Trimble 5800 GPS 接收机开机后，通过 ACU（Attachable Control Unit）控制器进行测量操作。控制器与接收机之间可进行无线通信。

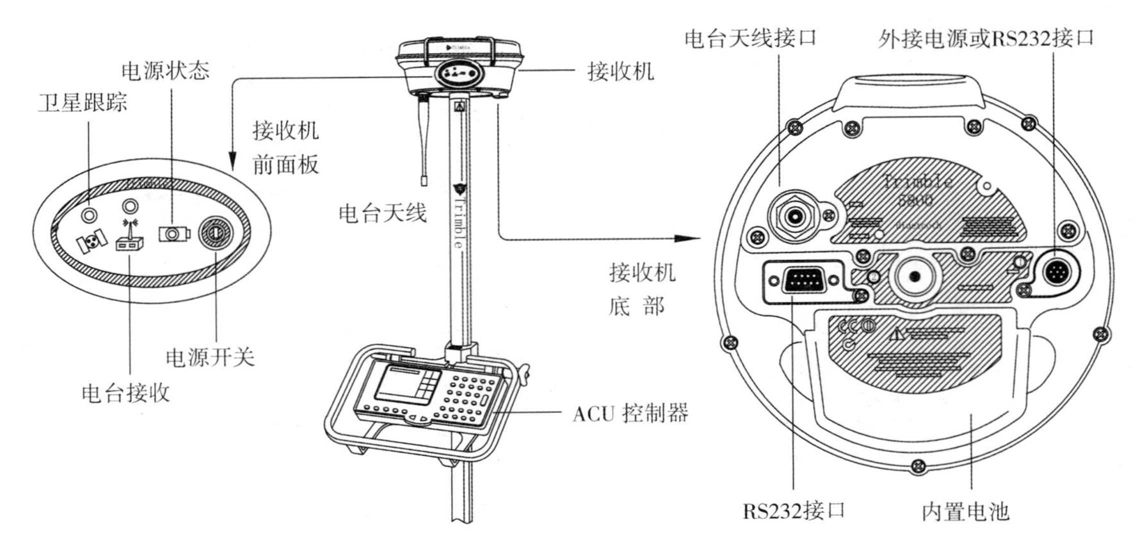

图 3-90 Trimble 5800 GPS 接收机

5. Trimble 5700/5800 GPS 接收机静态测量

(1) GPS 静态测量外业操作

GPS 静态测量外业操作步骤如下：

①脚架、基座、GPS 天线，连接天线与主机；

②仪器对中整平；

③量取天线高，记录数据；

④开机（按下接收机电源开关按钮至灯亮松开）；

⑤开始数据记录（按下数据存储按钮至灯亮松开）；

⑥等待存储足够数据；

⑦停止存储数据（按下数据存储按钮至灯灭松开）；

⑧关闭电源（按下接收机电源开关按钮至灯灭松开）；

⑨收仪器。

GPS 静态测量注意事项如下：

①施测前，对测量方案的拟定非常重要，主要包括外业测量环境调查、点位埋石、与本地坐标系统已知点的联测方案、交通条件、通信设备等；

②点位应选在开阔地区，以减少对卫星的遮挡；为减少卫星信号的多路径影响，点位应尽量避开高层建筑、大面积水域；为减少电磁干扰，点位应避开大功率发射电台、高压输电线等地域。

(2) GPS 静态测量数据后处理

1) GPS 接收机数据导入计算机

将 GPS 接收机与计算机连接，开机（按下接收机电源开关按钮至灯亮松开）；在计算机上运行数据转换传输软件“Data Transfer”（随机软件），显示初始的“数据转换器”屏幕→“未连接”，如图 3-91 所示。点击“连接”（V）按钮，使 GPS 接收机与计算机连接，显示“连接到 GPS 接收机”屏幕，如图 3-92 所示。

点击“添加（A）”按钮，显示“打开”屏幕，如图 3-93 所示，点击/选择需要导出

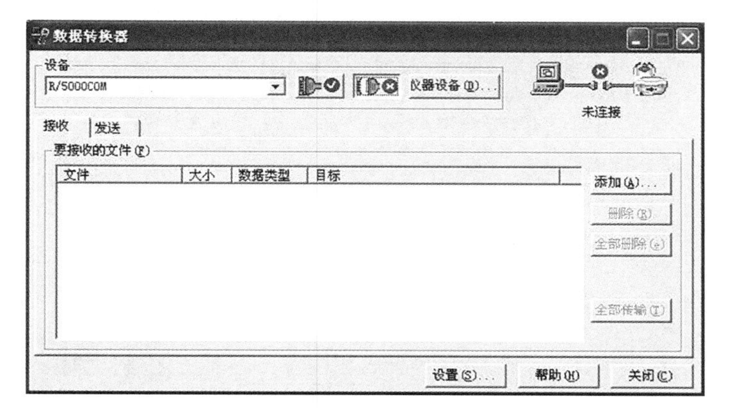

图 3-91　数据转换器初始屏幕

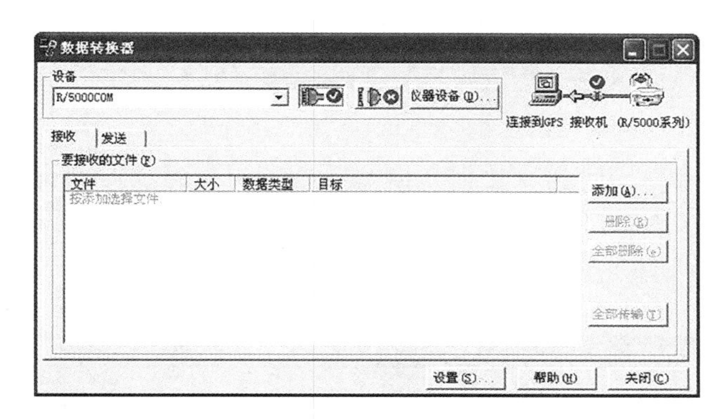

图 3-92　数据转换器已连接屏幕

的接收机号（例如 5700-0220318005）。

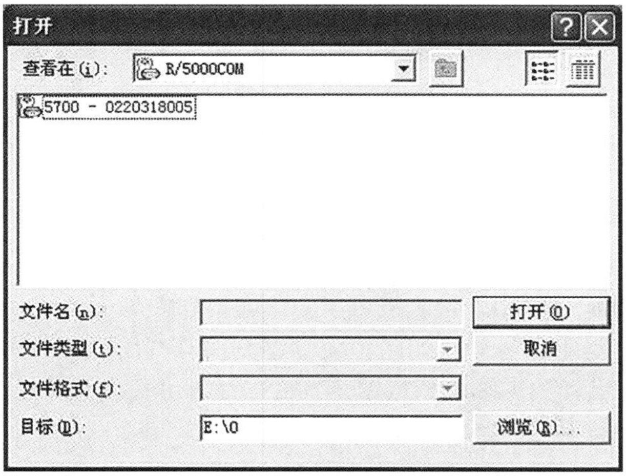

图 3-93　导出接收机号

点击“打开（O）”按钮后，选中需要导出的数据文件（例如 80051080. T00），并指定需要放入目标文件夹（计算机内存储文件路径，如 E：\ TJ），如图 3-94 所示。

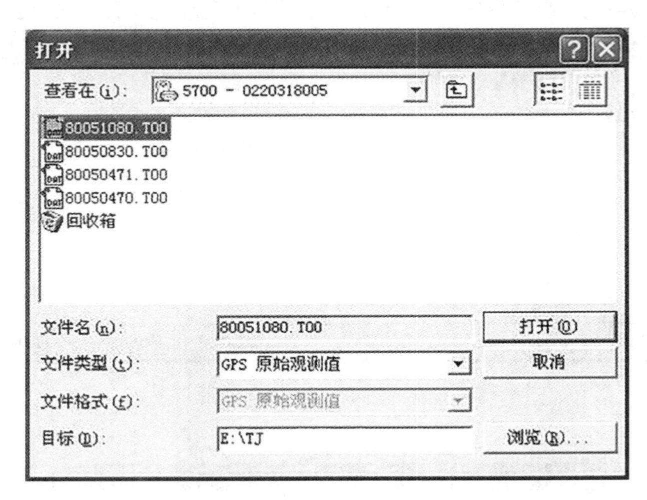

图 3-94　导出数据文件

点击“打开（O）”，回到“数据转换器”屏幕，如图 3-95 所示。选择“全部传输（T）”，将接收机中指定的数据文件传输入计算机。出现“传输完成”对话框后，点击“关闭（C）”，断开与接收机的连接，此时可以关闭 GPS 接收机。

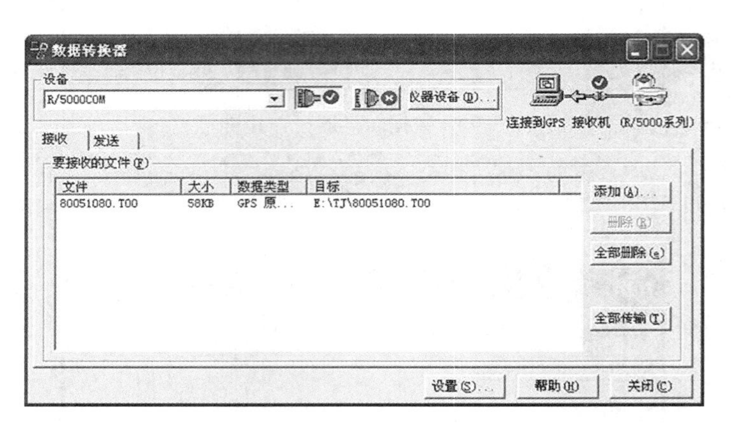

图 3-95　数据转换器文件添加完成后屏幕

2）基线解算与平差计算

使用 Trimble 5700/5800 GPS 接收机可以应用随机软件 Trimble Geomatics Office（TGO）或其他基线解算和平差计算软件（如同济大学编制的基线解算软件 TJGPS 和平差计算软件 TGPPS 等），输入已知数据和观测数据，就可以计算出各点三维坐标及其精度。经过坐标换算，最后可获得国家坐标系或某城市坐标系的坐标。

6. RTK 测量

实时动态定位测量称为 RTK（Real-Time Kinematic）测量，是卫星动态相对定位的一种技术。其方法是至少在一个已知点（固定站）上安置卫星定位接收机和无线电发射装置，将接收到的卫星观测数据和已知点的坐标等有关信息按照一定的编码格式发射；另外，在位置待定的流动站上安置便于移动的 Trimble 5800 接收机、无线电接收装置和控制器，利用接收到的卫星数据和已知点发射的数据在控制器上进行实时处理，现场解算出流动站的坐标，可达到厘米级精度。

RTK 定位技术就是基于载波相位观测值的实时动态定位技术，基准站通过数据链将其观测值和测站坐标信息一起传送给流动站。流动站通过数据链接收来自基准站的数据，并结合本站 GPS 观测数据，在系统内组成差分观测值进行实时处理，获得流动站的坐标。流动站可处于暂时静止状态，也可处于运动状态。

1. Trimmark3 电台

Trimble 5700/5800 GPS 接收机配套的 Trimmark3 无线电电台用于基准站的数据发播，形成基准站与流动站的数据通信链。电台发射功率最大为 25W，最远距离一般在 10km 左右；但随地形情况不同，最远距离也会受到一定限制。无线电电台工作时，通过接线与基准站的 Trimble 5700 GPS 接收机以及电台发射天线相连接，如图 3-96 所示。

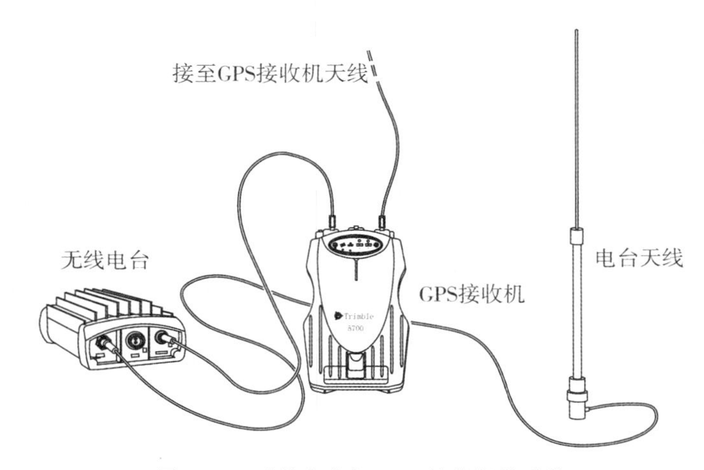

图 3-96　无线电台与 GPS 接收机的连接

（1）电台前面板

无线电电台的前面板（图 3-97）有一个液晶显示屏，可以显示主菜单及相应菜单项。7 个主菜单如下：

①CHANNEL（频道）—— 频道号和使用频率；

②MODE（模式）—— 基准站，中继站，流动站模式；

③CHANNEL SHARING（频率共享）—— 载波探测设置；

④TRANSMIT POWER（传输功率）—— 分为 2W、10W、25W；

⑤WIRELESS MODE（无线模式）—— 数据传输速率设置；

⑥DATA PORT CONFIG（数据端口配置）—— 数据端口波特率设置；

⑦DEVICE STATUS（设备配置）—— 电台程序信息。

用前面板的按钮，可以在几个菜单之间进行切换：

①NEXT —— 浏览菜单界面；

②UP / DOWN —— 在菜单项之间切换；

③SPEAKER —— 控制当前频道接收的信号音量。

Trimmark3 电台的主菜单及其菜单项见表 3-9。

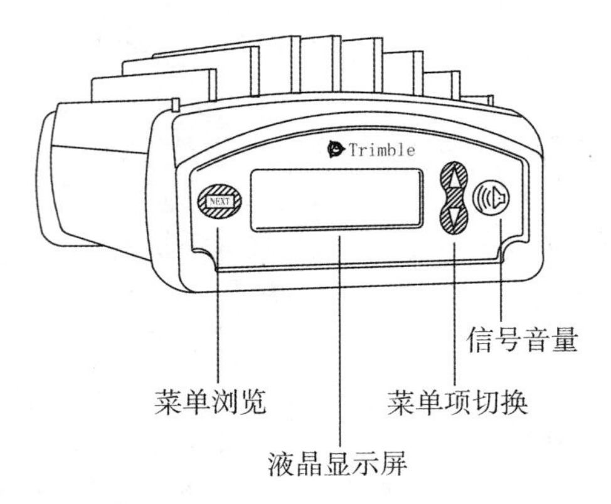

图 3-97　Trimmark3 电台前面板

表 3-9　**Trimmark3 电台菜单项**

主菜单	菜　单　项
Channel（频道）	1 410. 05，2 412. 05，3 413. 05，4 414. 05，5 415. 05，6 416. 05，7 417. 05，8 418. 05
Mode（模式）	Base w/No Rpt（基站无中继），Base w/One Rpt（基站带一个中继），Base w/Two Rpt（基站带两个中继），Repeater 1 Repeater 2 Rover（中继流动站）
Channel Sharing（频率共享）	Off（关），Avoid Weak Sig（避免弱信号），Avoid Strong Sig（避免强信号）
Transmit Power（传输功率）	Low Power 2 W（低功率），Med Power 10 W（中功率），High Power 25 W（高功率）
Wireless Mode（无线模式）	TM II 4800 bps，TT450S 9600 bps，TT450S 4800 bps，TM3 19200 bps
Data Port Config（数据端口配置）	38400 8 - none - 1，38400 8 - odd - 1，9600 8 - none - 1，9600 8 - odd - 1
Devices Status（设备状态）	Call Sign（On/Off），CS：（call sign），Ser：（unit serial #），Ch Spacing（12. 5/2. 5 kHz）

（2）电台后面板

无线电电台后面板有三个接口，如图 3-98 所示。其中：与电台发射天线相连接的接口为 TNC 母头；电源接口为两针 LEMO 头；与 GPS 接收机相连接的数据接口为 7 针 LEMO 头。

2. 外业操作

（1）控制器操作

Trimble 5800 接收机开机后的测量操作是通过 ACU 控制器。打开随机软件 Trimble Survey Controller，控制器屏幕显示主菜单："文件"、"键入"、"配置"、"测量"、"坐标几何"、"仪器"。在控制器主菜单中选择"文件"，进入子菜单，选择"新建任务"，如图 3-99 所示。然后显示"New job"对话框，如图 3-100 所示。

在对话框的"任务名称"栏键入测量任务名称；选择"坐标系统"，显示菜单："只输比例因子"、"从库中选"、"键入参数"、"无投影/无转换"。一般选"键入参数"，输

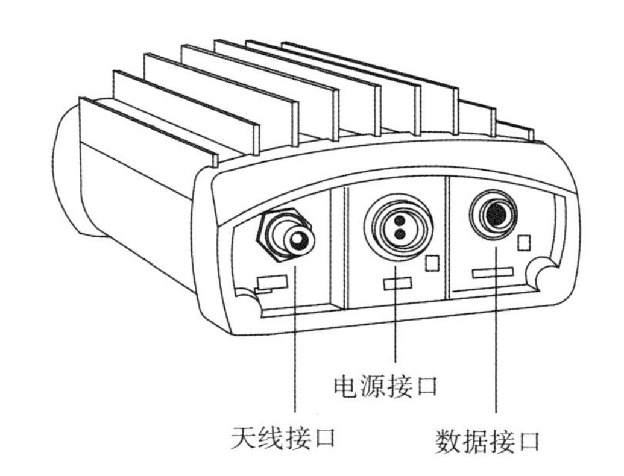

图 3-98　Trimmark3 电台后面板接口

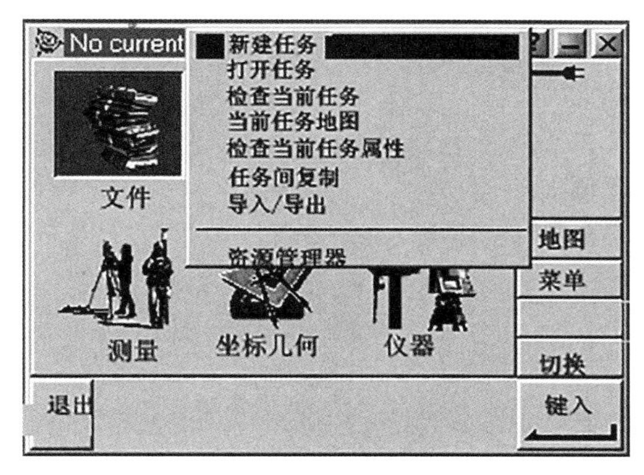

图 3-99　控制器主菜单及“文件”子菜单

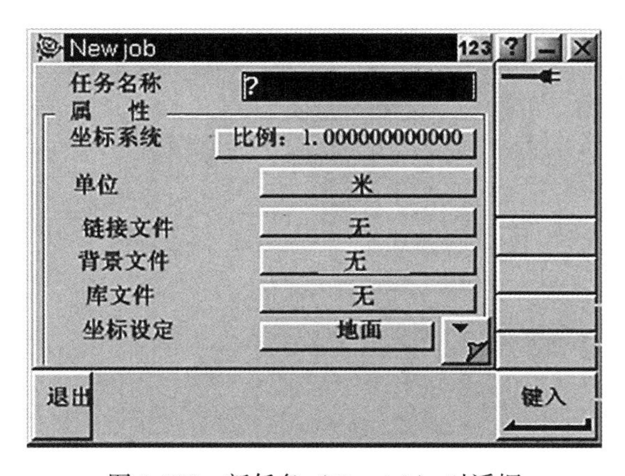

图 3-100　新任务（New job）对话框

入有关坐标系统转换的参数，例如“三参数”、“七参数”；如果没有参数，就需要利用“点校正”对若干坐标已知的点进行观测，求取参数。

（2）RTK 基准站设置操作

在基准点上安置好 Trimble5700 GPS 接收机，连接接收机与 ACU 控制器。然后在控制器主菜单选择“配置”、子菜单选择“测量形式”，显示“测量形式”的菜单：

Faststatic（快速静态）

PP K （后处理动态）

RTK （实时动态）

RTK&infill（RTK+后处理）

光标移至“RTK”，回车，显示“RTK”的菜单（单选）：

流动站选项

流动站无线电

基准站选项

基准站无线电

……

选择“基准站选项”，按回车键，显示“基准站选项”的对话框：

测量类型	RTK
广播格式	CMR+（应与流动站一致）
输出另外 RTCM	否
高度角限制	13°00′00″
天线高	0. 180m
天线类型	▼zephyr geodetic
量至	▼ 天线座底部
部件号	41249-00
序列号	12511-73

对话框中各项输入正确后，按“接受”键，返回“RTK”菜单屏幕；选择“基准站无线电”后，按回车键；显示“基准站无线电”的对话框：

类型	TRIMMARK 3
接收机端口	端口 3
波特率	38400
奇偶检验	NONE

对话框中各项输入正确后，按下“连接”键，显示：“正在连接无线电……”；连接成功后，显示“基准站无线电”的对话框：

波特率：	38400
奇偶检验	无
频率	▼410. 05
	……
	418. 05
无线电操作模式	基准站
基准站无线电模式	▼TT450Sat 9600b
	TT450S at 4800b
支持转发器	无
传送电源程度	▼25W

共用频率　　　　　　　无

其中，“频率”任选一，“基准站无线电模式”也任选一，但应与流动站相同。

按“接受”键，返回“RTK”菜单；再按下“存储”、“ESC”键后，返回控制器主菜单；选择“测量”、“RTK”后，屏幕显示：

启动基准站接收机
开始测量
测量点
连续地形点
偏移
放样
点校正
结束测量

选择“启动基准站接收机”，点击“点名称”、“键入”输入基准站坐标。若不是已知点，按下“此处”，坐标就自动测量得出；按下“存储”、“开始”，控制器上就会出现“断开控制器与接收机连接”提示，而且在电台屏幕的右上角出现“TRANS”在闪动，拔下控制器与接收机连接线，这样就完成了基准站设置操作。

（3）RTK 流动站设置操作

在控制器主菜单中选择“配置”，显示“测量形式”的菜单；选择“RTK”，按回车键，显示“RTK”的菜单；选择“流动站选项”，按回车键，显示“流动站选项”的对话框：

测量类型	RTK
记录类型	CMR+（应与基准站同）
WASS	关
使用测站索引	any（对于一个基准站）
立即测站索引	No（对于一个基准站）
高度角限值	13°00′00″
天线高	2. 000
天线类型	5800 internal
量至	天线座底部

当各项输入正确后，按“接受”键，返回“RTK”菜单；选择“流动站无线电”，显示：“类型　Trimble internal”；按“连接”键，和接收机内置电台建立连接后，显示：“正在连接无线电……”；连接成功后，无线电频率和模式将会改变到：

频率	415. 05（同基准站）
基准站无线电模式	TT450Sat 9600b（同基准站）

按“接受”后，返回“RTK”菜单屏幕；再按“存储”、“ESC”键，返回控制器主菜单；完成流动站的设置操作。

如果已输入转换参数，即可以开始 RTK 流动站的点位测定工作。如果转换参数未知，就需要进行“点校正”工作——对若干已知控制点进行观测，以求得转换参数。

(4) RTK 测量操作

1) 点校正

此步主要是为求得坐标转换的三参数或七参数（当测区面积不超过 $100km^2$ 时，用三参数即可）。校正时，一般键入 4 个已知控制点（至少需要 3 个）的坐标（在主菜单中选择“键入”、“点”输入已知点坐标），且控制点最好分布在测区周围。具体方法为：在控制器主菜单的“测量”菜单下，选择“RTK”、“点校正”，选择“增加”后按回车键，显示“校正点”对话框：

网格点名称	203
GPS 点名称	203-GPS
代码	C12
类型	▼校正点
控制点	是

在“网格点名称”处选择已知点名称（或点号，例如 203），在 GPS 点名称处点击“测量”、“RTK”，显示结果后，输入点号（例 203-GPS）。点击“增加”后，返回“点校正”模式，按同样方法观测至少 3~4 点，点击“应用”完成校正，并显示点校正的精度，例如显示：

水平残差	垂直残差
0.005	0.010

根据残差的大小，可以判断“点校正”是否合格。点击“结果”，可查看转换参数的具体数值。

2) 测量地形点／控制点

测定地形点或控制点的方法是相同的。在“测量”菜单下选择“开始测量”，然后按回车键，选择“测量点”，显示“测量／测量点”对话框：

点名称	1404
代码	411B1
类型	▼ 地形点
天线高	2.000m
测量到	天线竖立底部

输入该点的名称、代码等，按“测量”，开始记录测量数据；当数据记录达到指定时间后，此时“测量”变为“存储”；按“存储”，即可结束该点测量并储存于控制器内存。

RTK 测量所得各点的点号、代码和点位坐标等记录储存于控制器内存，可以现场查阅和用数据线传送至计算机。

(三) 中海达 iRTK2 GNSS 接收机的使用

1. iRTK2 GNSS 接收机面板

如图 3-101 所示为 iRTK2 接收机的控制面板，控制面板包含 1 个电源开关按键，一个按键囊括了 iRTK2 接收机设置的所有功能。3 个指示灯，分别为 卫星灯、电源灯（双色灯）、信号灯（双色灯）。

卫星灯（单绿灯） 电源灯（红绿双色灯） 信号灯（红绿双色灯）

图 3-101　iRTK2 GNSS 接收机面板

电源开关按键功能：开机、关机、工作模式切换、工作模式切换确认、状态查询、自动设置基站、强制关机、复位主板等。

2. iRTK2 GNSS 接收机面板按钮操作

表 3-10 为 GNSS 接收机面板按钮操作说明，表 3-11 为播报内容。

表 3-10　**GNSS 接收机面板按钮操作说明**

功能	详 细 说 明
开机	关机状态下，长按按键大于 1 秒开机
关机	开机状态下，3 秒≤长按按键≤6 秒，语音报第一声“叮咚”，放开按键，正常关机
自动设置基站	关机状态下，长按按键大于 6 秒，播报“自动设置基站”，放开按键，仪器将进行自动设 置基站
工作模式切换	双击按键进入工作模式切换，每双击一次，切换一个工作模式
工作模式切换确认	在工作模式切换过程中，单击按键确认
状态查询	见附表
复位主板	开机状态下，长按按键大于 6 秒，语音报第二声“叮咚”，放开按键，进行复位主板
强制关机	开机状态下，长按按键大于 8 秒，进行强制关机

表 3-11　**播 报 内 容**

工作状态	播 报 内 容
GSM 基准站	GSM 基准站
UHF 基准站	UHF 基准站，频道 X，功率 X
外挂 基准站	外挂 基准站
WiFi 基准站	WiFi 基准站

续表

工作状态	播报内容
GSM 移动台	GSM 移动台
UHF 移动站	UHF 移动台，频道 X
外挂 移动台	外挂 移动台
静态	静态 采样间隔 X，高度角 X，存在空间剩余 X，卫星数 X

3. iRTK2 GNSS 接收机指示灯闪烁示意

不同的设置模式下指示灯的显示状态不同，控制面板指示灯状态说明见表 3-12。

表 3-12 **指示灯状态含义**

操作	含义	
电源灯（黄色）	常亮	正常电压：内电池>7.6V，外电>12.6V
电源灯（红色）	常亮	正常电压：7.1V< 内电池≤7.6V，11V<外电≤12.6V
	慢闪	欠压：内电池≤7.1V，外电≤11V
	快闪	指示电量：每分钟快闪 1~4 下 指示电量
信号灯（状态绿灯）	常灭	没有使用 GSM/WiFi 客户端的时候
	常亮	GSM/WiFi 连接上服务器
	慢闪	GSM 已登录上 3G /GPRS 网络或 WiFi 连上热点
	快闪	GSM 时指示正在登录 3G/GPRS 网络或 WiFi 正在连接热点
	慢闪	数据链收发数据（移动站只提示接收，基站只提示发射）
	常灭	移动站或基站正在使用的数据链设备不能进行通信，通信模块故障，无数据输出
	常亮	卫星锁定
	慢闪	搜星或卫星失锁
	常灭	1. 复位接收机时，主板故障，无数据输出 2. 静态模式下，主板故障，无数据输出
		三灯出现不规则快闪

4. iRTK2 GNSS 接收机接口

iRTK2 GNSS 接收机下盖部分包括电池仓、五芯插座、喇叭、Mini USB 接口等，如图 3-102 所示。

5. iRTK2 GNSS 接收机静态测量

iRTK2 接收机可用于静态测量，设置方法为双击按键进入工作模式切换，每双击一次，切换一个工作模式；在工作模式切换过程中，单击按键确认，设置成功后红色状态灯

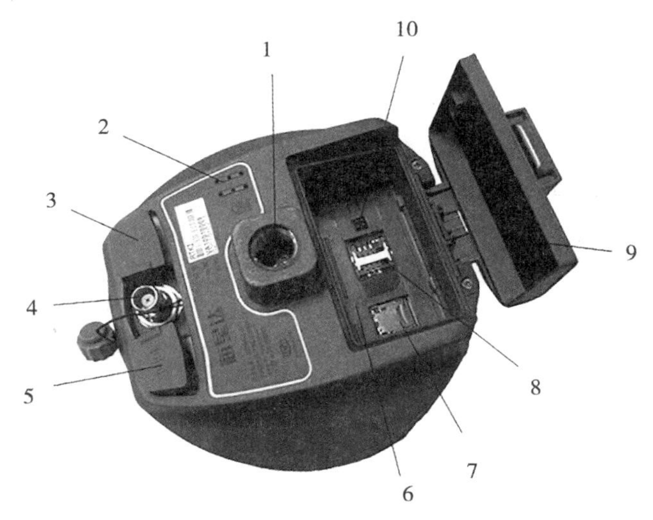

1—连接螺孔；2—喇叭；3—USB 接口及防护塞；4—GPRS/电台/天线接口；5—五芯插座及防护塞；6—电池仓；7—SD 卡槽；8—SIM 卡槽；9—电池盖；10—弹针电源座

图 3-102　GNSS 接收机接口

隔几秒（根据设置的采样间隔来定）闪烁一次便采集一个历元。采集到的静态测量数据保存在主机内存卡里（当主机内存低于 2M，自动切换存储到外置 SD 卡）。静态数据文件需下载到电脑上后用静态后处理软件进行处理。

（1）GPS 静态测量外业操作

GPS 静态测量外业操作步骤如下：

①在测量点架设仪器，对点器严格对中、整平。

②量取仪器高三次，各次间差值不超过 3mm，取平均数作为最终的仪器高。仪器高应由测量点标石中心量至仪器的测量基准件的上边处。iRTK2 接收机测量基准件半径 0. 130m，相位中心高 0. 0942m。图 3-103 为 GNSS 接收机基准件尺寸。

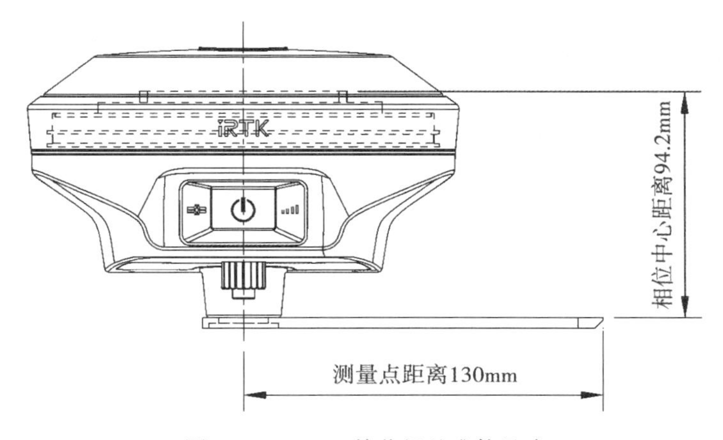

图 3-103　GNSS 接收机基准件尺寸

③记录点名、仪器号、仪器高，开始观测时间。

④开机，设置主机为静态测量模式。卫星灯闪烁表示正在搜索卫星。卫星灯由闪烁转入长亮状态表示已锁定卫星。状态灯每隔数秒闪一次，表示采集了一个历元。

⑤测量完成后关机，记录关机时间。

⑥下载、处理数据。

（2）GPS 静态测量数据后处理

采集的 GNSS 静态数据储存在 iRTK2 接收机内部 16GB 储存器里的“static”盘符，有效存储空间 14GB，一共有三个文件夹：log，gnss 和 rinex，如图 3-104 所示。log 文件夹存储日志信息，gnss 文件夹储存的数据格式为 *.gns，rinex，文件夹存储的数据格式为标准的 RINEX 格式数据文件。用户可以使用随机配置的 USB 数据线与电脑连接，使用 U 盘操作方式将静态数据拷贝到电脑 上。

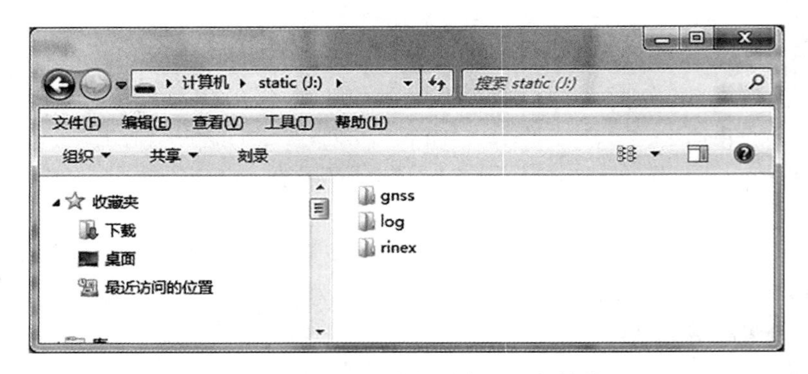

图 3-104　接收机内部储存器文件结构

①GPS 接收机数据导入计算机。iRTK2 接收机文件管理采用 U 盘式存储，即插即用，直接拖拽式下载，不需要下载程序。使用 U 盘方式，只能对 iRTK2 接收机静态数据下载，不能对 iRTK2 接收机进行写操作。

iRTK2 接收机可进行 U 盘式数据下载，下载时使用 Mini USB 数据线，一端连接电脑 USB 接口，一端连接主机 Mini USB 接口，连接后电脑中出现一个“static”盘符，打开该盘，可将采集的静态文件拷贝出来。

下载后的静态文件修改点名和天线高步骤为：

- 选择 *.GNS 静态文件，双击鼠标；
- 弹出“文件编辑”对话框，进行点名的修改和天线高的输入，点击【确定】即可，如图 3-105 所示。

②基线解算与平差计算。使用 iRTK2 接收机可以应用随机软件 HGO 数据处理软件，或其他基线解算和平差计算软件（如同济大学编制的基线解算软件 TJGPS 和平差计算软件 TGPPS 等），输入已知数据和观测数据，就可以计算出各点三维坐标及其精度。经过坐标换算，最后可获得国家坐标系或某城市坐标系的坐标。

6. RTK 测量

（1）DDTHPB 电台

iRTK2 接收机配套的 DDTHPB 无线电电台用于基准站的数据发播，形成基准站与流

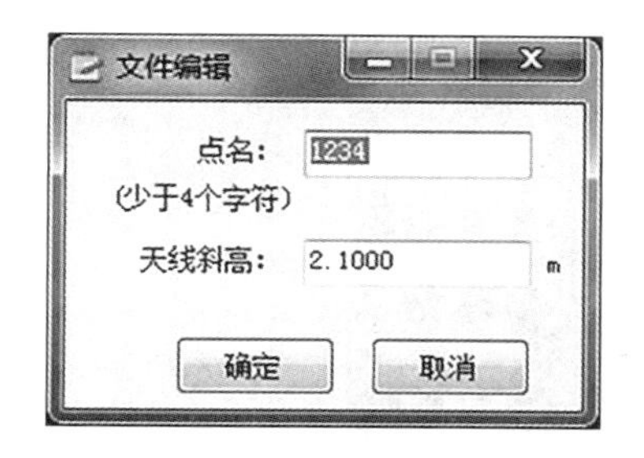

图 3-105　文件编辑

动站的数据通信链。电台发射功率随电台型号而不同，最远距离也随地形情况不同。无线电电台工作时，通过接线与基准站的 iRTK2 接收机以及电台发射天线相连接。无线电电台的前面板（图 3-106）有一个液晶显示屏，可以显示主菜单及相应菜单项。

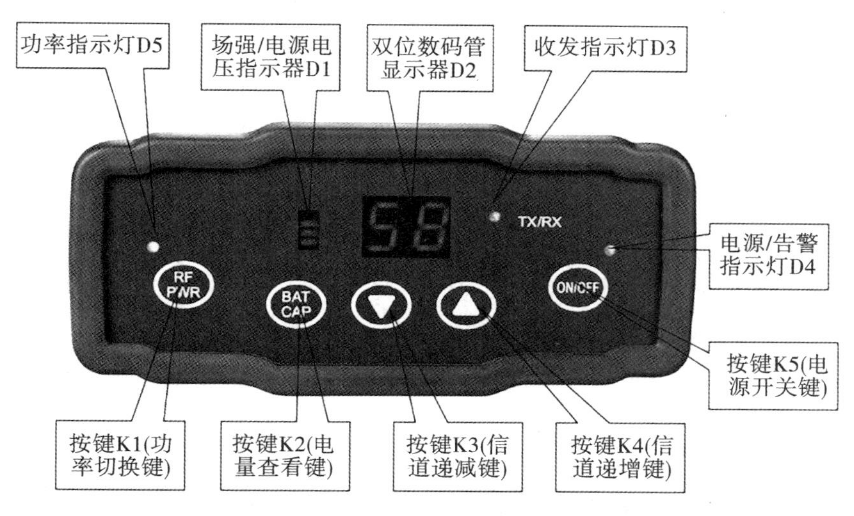

图 3-106　无线电台的前面板

按住本机 K4（信道递增键）开机，电源/告警指示灯 D4 之红灯快速闪烁（约 3 次/秒），表示进入参数设置模式，按住按键 K2（电量查看键），再按动 K4（信道递增键）可以设定本机空中速率，电源/告警指示灯 D4 之蓝灯指示本机现行空中速率：

蓝灯亮，表示本机空中无线数据传输速率为 9600bps；

蓝灯灭，表示本机空中无线数据传输速率为 19200bps。

设置完毕需关机重开，本机才能进入工作模式。

（2）外业操作

1）项目设置

首先手簿开机后按一下键盘上的 APP 按钮（APP 按键是快捷打开软件的按键）打开测量软件，或者用手簿上的 NFC 标志和主机上的 NFC 标志相对，自动打开软件并连接设备。

新建项目只是移动站手簿上进行新建，基准站手簿不需要进行新建，如图 3-107 所示。

图 3-107　手簿项目设置界面

点击“项目信息”，在项目名空白处输入项目名，然后点击 BJ54（预设或者返回至项目界面，点击“坐标系统”）后面的箭头设置中央子午线和目标椭球（当地）坐标系统。

2）设站

设站分为设置基站和设置移动站两个步骤。如果连接省网则不需要设置基准站。无论哪种工作模式，移动站都需要接收到来自基站的差分数据。

①设置基准站。

手动设置基准站：点击设备→设备连接→连接→选择基准站的蓝牙号连接，连接完成后按键盘返回键（如果使用 NFC 已经连接上设备则可忽略该步骤），如图 3-108 所示。

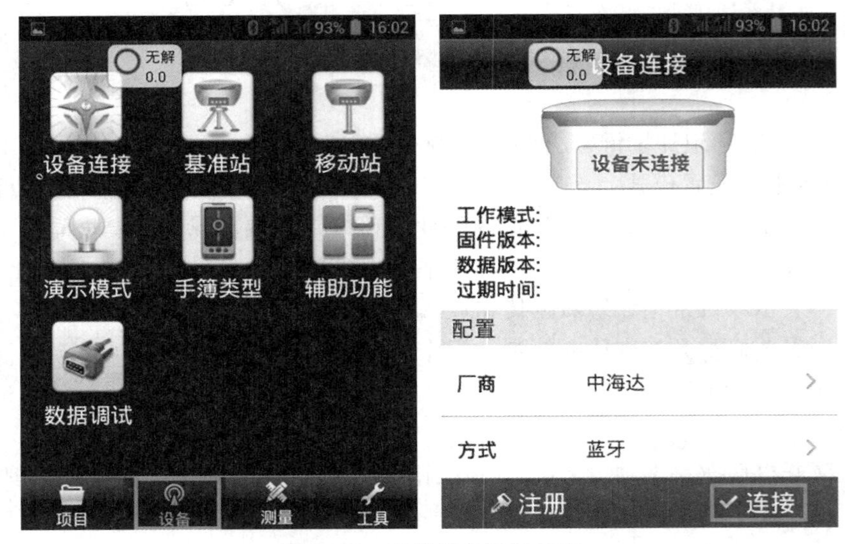

图 3-108　手簿设备设置界面

点击“基准站”→“接收机”→[图标]→采集 10 次后点击“确定”，该步骤是为了获取基站坐标，基准站只有在已知点上才能发射差分数据，如果是已知点架站，只需正常输入坐标和仪器高即可；如果是未知点架站，则需要平滑该点的坐标，如图 3-109 所示。

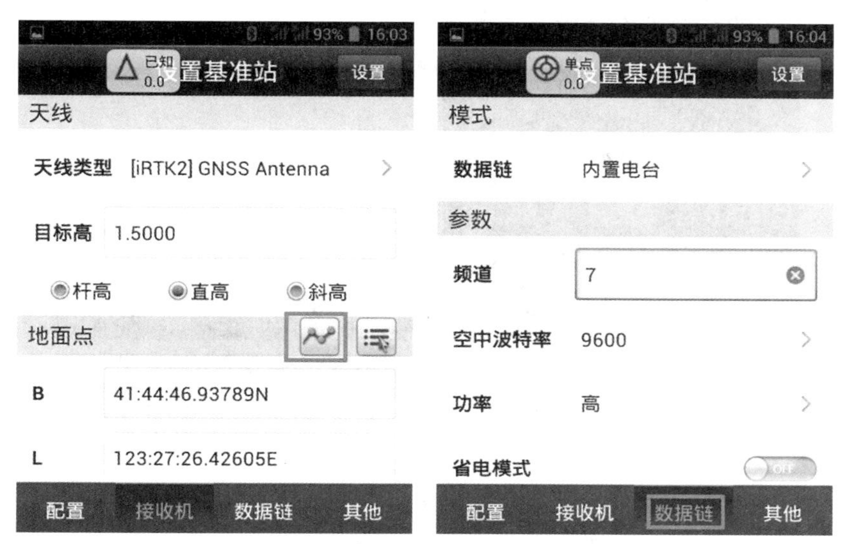

图 3-109　接收机和数据链设置界面

在设站时，数据链一共有四种模式：内置电台、内置网络、外部数据链和手簿差分。iRTK3 只能使用手簿差分。

内置电台频道 1~100 任意，空中波特率 9600。移动站设置为内置电台，频道和空中波特率跟基准站一致。

外部数据链是使用外挂电台时基准站选择的数据链，基站的频道和空中波特率以及功率需要在电台上设置。移动站数据链设置为内置电台。

②设置移动站。

点击连接，选择移动站的蓝牙号连接（方法同上），连接完成后按键盘返回键，点击"移动站"，数据链和其他选项下的设置与基站保持一致，否则接不到基站的信号。

③采集控制点坐标（已知点）。

点击测量→碎步测量→对中整平（固定解）→点击屏幕上的或者键盘上的，修改点名，再次按键存点，以此采集完需要的控制点。这一步骤采集的是控制点的WGS-84坐标，目的是进行参数计算（坐标转换）。

④求转换参数（以三参数为例）。

转换之前要确认坐标系统里的转换模型都为"无"，即该项目不存在转换参数。点击"项目"→"参数计算"→计算类型选择"三参数"→"添加"，如图 3-110 所示。

源点部分：点击图上的图标调用所采集的控制点坐标（已知点）；

目标点部分：输入所采集点的真实坐标（交桩坐标或者设计院给的坐标）；

输入完毕后点击"保存"，再点击"计算"，点击计算后出现参数计算结果的界面如图 3-111 所示。

三参数计算结果正常情况下 DX，DY，DZ 分别在正负 150 以内，如果绝对值超过 150 请检查坐标位数和数值、中央子午线、东向加常数是否设置正确，在范围之内点击"应用"，如图 3-111 所示。

图 3-110　参数计算界面

图 3-111　参数计算结果

第四部分　数字地形图测量规定

一、图根控制测量

1. 图根平面控制测量

图根平面控制测量是数字地形图测量的基础，可采用图根三角锁（网）、图根导线、GPS 方法测定，局部地区可采用交会定点方式。

图根导线应布设成附合导线、闭合导线或导线网，导线的形状应尽可能布设成等边直伸，同级附合一次为限。表 4-1 为光电测距图根导线的主要技术要求。

表 4-1　**光电测距图根导线的主要技术要求**

导线长度（m）	测角中误差（″）	导线全长相对闭合差	角度测量仪器	角度测量测回数	方向角闭合差（″）	测距仪等级	距离测量测回数
1.3M	≤±20	$\leqslant \frac{1}{2500}$	DJ6	1	$\leqslant \pm 40\sqrt{n}$	Ⅱ级	单程观测 1

表中：n 为测站数；Ⅱ级测距仪每千米测距中误差应满足：$5\text{mm} < m_D \leqslant 10\text{mm}$。$M$ 为测图比例尺分母。

图根导线在布设和测量时，应执行以下规定：

① 当图根导线布设节点网时，节点与高级点间、节点与节点间的导线长度不得大于附合导线规定长度的 0.7 倍；

② 当图根导线的长度短于规定长度的 1/3 时，导线全长绝对闭合差不得超过±13cm；

③ 导线边数不得超过 12 条；

④ 在困难地区可布设支导线，支导线总长应小于表 4-1 中规定长度的 1/2，边数不得超过 3 条。角度和边长必须往返观测，边长观测往返较差应小于测距仪标称精度的 2 倍，角度观测往返较差应小于±40″；

⑤ 图根导线的坐标计算可采用近似或严密的平差计算方法。

2. 图根高程控制测量

图根高程控制测量可采用几何水准测量、光电测距三角高程和 GPS 高程测量方法进行。图根水准应在等级水准点下加密，可布设附合水准路线、闭合水准路线或水准网。当条件困难时可布设图根水准支线，但必须往返观测。表 4-2 为图根水准测量主要技术要求。

表 4-2　　　　　　　　　　　**图根水准测量主要技术要求**

路线长度（km）	每千米高差中误差（mm）	水准仪	水准尺	观测次数		闭合差或往返互差	
				支线	附合路线	平地（mm）	山地（mm）
5	≤±20	S_{10}	双面	往返	单程	$\leqslant \pm 40\sqrt{L}$	$\pm\leqslant 12\sqrt{n}$

表中：L 为水准路线的总长（km），n 为测站数。

图根水准应采用精度等级不低于 S_{10} 的水准仪或电子水准仪观测，视线最大长度应小于 100m，红黑面高差之差应小于±5mm，红黑面读数之差应小于±3mm。

二、地 形 测 量

1. 地物的测绘

（1）测绘地物的一般原则

地物一般可分为两大类：一类是自然地物，如河流、湖泊、森林、草地、独立岩石等。另一类是经过人类物质生产活动改造了的人工地物，如房屋、高压输电线、铁路、公路、水渠、桥梁等。所有这些地物都要在地形图上表示出来。

地物在地形图上的表示原则是：凡是能依比例尺表示的地物，则将它们水平投影位置的几何形状相似地描绘在地形图上，如房屋、双线河流、运动场等。或是将它们的边界位置表示在图上，边界内再绘上相应的地物符号，如森林、草地、沙漠等。对于不能依比例尺表示的地物，在地形图上是以相应的地物符号表示在地物的中心位置上，如水塔、烟囱、纪念碑、单线道路、单线河流等。

地物测绘主要是将地物的形状特征点测定下来。例如：地物的转折点、交叉点、曲线上的弯曲变换点、独立地物的中心点等，连接这些特征点，便得到与实地相似的地物形状。

（2）居民地的测绘

测绘居民地根据所需测图比例尺的不同，在综合取舍方面就不一样。对于居民地的外轮廓，都应准确测绘。其内部的主要街道以及较大的空地应区分出来。对散列式的居民地、独立房屋应分别测绘。

固定建筑物应实测其墙基外角，并注明结构和层次；建筑物的结构应从主体部分来判断，其附属部分（如裙房、亭子间、晒台、阳台等结构）不应作为判别对象；建筑物楼层数的计算应以主楼为准。

房屋附属设施，廊、建筑物下的通道、台阶、室外扶梯、院门、门墩和支柱（架）、墩应按实际测绘，并以图式符号表示。

房屋墩、柱的凸出部分在图上大于 0. 4mm（简单房屋大于 0. 6mm）的必须逐个如实测绘，否则可以墙基外角为主综合取舍。

对于围墙 1∶500、1∶1000 测图时，围墙在图上宽度小于 0. 5mm 的可放宽至 0. 5mm，图上宽度大于 0. 5mm 的应依比例尺绘制，1∶2000 测图时，应按“不依比例尺的”符号绘制。起境界作用的栅栏、栏杆、篱笆、活树篱笆、铁丝网等必须测绘，有基座的应实测外围，隔离道路或保护绿化的可免测。

（3）道路及桥梁的测绘

铁路轨道、电车轨道、缆车轨道等应实测中心线，架空索道应实测铁塔位置，高架轨道应实测路边线的投影位置和墩柱，地面上的轨道及岔道应实测，架空的轨道可沿路线走向配置绘示，但必须与地面轨道衔接平顺。

站台、天桥、地道、岔道、转盘、车挡、信号设备、水鹤等车站附属设施应实测。站台、雨棚应实测范围，符号绘示。地道应按实测绘出入口。

高速公路、等级公路、等外公路等应按其宽度测绘，并注记公路技术等级代码，国道应注出路线编号。高架路的路面宽度及其走向应按实际投影测绘，实线绘示。露天的支柱应用实线绘示；路面下的支柱按比例测绘的应用虚线表示，不按比例测绘的可用符号表示。

公路在图上一律按实际位置测绘。公路的转弯处、交叉处，立尺点应密一些，路边按曲线进行绘制。公路两旁的附属建筑物都应按实际位置测出，公路的路堤和路堑也应测出。

大车路应按其实宽依比例尺测绘，如实地宽窄变化频繁，可取其中等宽度绘成平行线。

乡村路应按其实宽依比例尺测绘。乡村路中通过宅村仍继续通往别处的，其在宅村中间的路段应尽量测出，以求贯通，不使中断，如路边紧靠房屋或其他地物的，则可利用地物边线，可不另绘路边线。如沿河浜边的，其路边线仍应绘出，不得借用浜边线。

人行小路主要是指居民地之间来往的通道，田间劳动的小路一般不测绘，上山小路应视其重要程度选择测绘。小路应实测中心位置，单线绘示。

内部道路，除新村中简陋、不足 2m 宽和通向房屋建筑的支路可免测外，其余均应测绘。

路堑、路堤、坡度表、挡土墙应按实测绘，涵洞应按实测绘，路标应按实测绘，双柱的路标应实测中间的位置，里程碑应实测位置。

铁路平交道口应按实测绘，其他道路应在铁路处中断。

立体交叉路，如铁路在上时，公路应在铁路路基处中断。反之，公路在上时，铁路应在公路处中断。

公路桥、铁路桥的桥头、桥身应按实测绘，并注记建筑结构；水中的桥墩可不测绘。漫水桥、浮桥应加注“漫”、“浮”等字。桥面上的人行道、图上宽度大于 1mm 的应表示。

双层桥的主桥、引桥和桥墩应按实测绘，人行桥、级面桥在图上宽度大于 1mm 的应依比例尺表示，否则可按不依比例尺表示。

渡口应区分行人渡口或车辆渡口，分别标注“人渡’或“车渡”，同时绘示航线。固定码头、浮码头，码头轮廓线应实测，按其建筑形式以相应的符号绘示。

（4）管线的测绘

高压线应全部测绘，图上以双箭头符号表示。成组的高压电杆，应实测杆位，中间实线连接。低压线在街道、郊区集镇、棚户区等内部主要干道上的应全部测绘。

电杆、电线架应实测位置，不分建筑材料、断面形状，用同一符号表示。电杆之间可连线，多种电线在一个杆柱上时，可只表示主要的。

电线塔应依实际形状表示，实测电线塔底脚的外角。1∶2000 测图，电线塔大于符号的应依实测绘，否则应实测中心位置，并按不依比例尺符号绘示。

电线杆上的变压器应按实际位置及方向用符号绘示，支柱可不表示。

集束的、长期固定的通信线均应测绘，电杆之间可不连线。

架空的、地面上的管道应按实测绘。架空管道的支柱，单柱的架空管道支柱尺寸在图上大于1.0mm×1.0 mm的应依比例测绘，否则可按不依比例符号绘示。双柱和四柱的架空管道支柱，如果支柱尺寸在图上大于1.0 mm×1.0 mm的应依比例测绘，支柱之间用实线连接，管线在支柱连线中央通过，否则可按不依比例逐个绘示支柱符号。如逐个绘示支柱符号符号重叠的，可在双柱或四柱的中心绘示单个支柱符号。

地下检修井应实测井盖的中心位置，井框可不测绘（地下管线测量除外），并按检修井类别用相应符号表示。工矿、机关、学校等单位内的检修井，应测出进单位的第一只井位，单位内部的可免测。1：2000测图地下检修井可免测。

污水篦子应按实测绘，工厂、单位内部的和1：2000测图污水篦子可免测。

消火栓，无论地上或地下的都应测绘，工厂、单位内部的和1：2000测图消火栓可免测。

各种有砌框的地下管线的阀门均应测绘，当阀门池在图上大于符号尺寸时，应依比例尺表示，内绘阀门符号。小的开关、水表等可免测。1：2000测图阀门可免测。

（5）水系及附属设施的测绘

水系包括河流、渠道、湖泊、池塘等地物，通常无特殊要求时均以岸边为界，如果要求测出水涯线（水面与地面的交线）、洪水位（历史上最高水位的位置）及平水位（常年一般水位的位置）时，应按要求在调查研究的基础上进行测绘。

江、河、湖等的岸线均应测绘，宜测在大堤（包括固定种植的滩地）与斜坡（或陡坎）相交处的边沿。

渠道应实测外肩线，其宽度在图上大于1mm（1：2000图上大于0.5mm）的应双线表示，否则应实测渠道中心位置用单线表示。如堤顶宽度大于2m的应加绘内肩线，渠道外侧应绘示陡坡或斜坡符号。

水沟应实测岸线，每一侧用单线绘示。水沟的宽度及深度均不满1m的可免测。如宽度及深度有一项达1m、且长度达100m的应测出，如大部分达到应测标准，而中间一段不足应测标准的，仍应全部测出不应间断。公路两旁的排水沟，应按上述标准取舍。对1：2000测图，水沟宽度小于2m时用单线表示。

水闸宽度在图上大于4mm的应按依比例尺测绘，否则可按不依比例尺测绘。当符号与房屋建筑有矛盾时可省略符号，注“闸”字。

防洪墙应按实宽测绘，双线绘示，当图上宽度小于0.5mm，可放宽至0.5 mm，定位线为靠陆地一侧边线。墙体上的栅栏、栏杆可不表示。

高出地面0.5m的土堤应测绘。堤顶宽在图上大于1mm（1：2000图上0.5mm）的应实宽绘示，否则可按垅的符号表示。

输水槽宽在图上小于1mm时，可放宽至1mm绘示，槽宽在图上小于2mm时，槽中的渠线可免绘。

水井可选居民地外围主要的水井测绘，土井或废弃的水井以及房子内的机井可免测。

陡岸可分为有滩陡岸和无滩陡岸，并根据土质或石质按相应的图式符号表示。有滩陡岸其河滩宽度在图上大于3mm时，应填绘相应的土质符号。

2. 地貌的测绘

(1) 地形点选择

不管地形怎样复杂，实际上都可以把地面看成是由向着各个不同方向倾斜和具有不同坡度的面所组成的多面体。山脊线、山谷线、山脚线（山坡和平地的交界线）等可以看作是多面体的棱线，测定这些棱线的空间位置，地形的轮廓也就确定下来了。因此，这些棱线上的转折点（方向变化和坡度变化处）就是地形特征点。地形特征点还包括山顶、鞍部、洼坑底部等以及其他地面坡度变化处。

大比例尺测图时，一般地区地形点间距的规定如表 4-3 所示。

表 4-3 **一般地区地形点间距**

比　例　尺	地形点间距（m）
1：500	15
1：1000	30
1：2000	50

对于不同的比例尺和不同的地形，基本等高距的规定见表 4-4。

表 4-4 **地形图的基本等高距**

比例尺	平地基本等高距（m）	丘陵基本等高距（m）	山地基本等高距（m）
1：500	0.5	0.5	1
1：1000	0.5	1.0	1
1：2000	1.0	2.0	2

对于不能用等高线表示的地形，例如悬崖、峭壁、土坎、土堆、冲沟等，应按地形图图式所规定的符号表示。

(2) 高程点及注记

高程点的间距，在平坦地区的高程散点其间距在图上 5~7cm 为宜，如遇地势起伏变化时，应予适当加密。

居民地高程点的布设，在建成区街坊内部空地及广场内的高程，应设在该地块内能代表一般地面的适中部位，如空地范围较大，应按规定间距布设，如地势有高低时，应分别测注高程点。

农田高程点的布设，在倾斜起伏的旱地上，应设在高低变化处及制高部位的地面上，在平坦田块上，应选择有代表性的位置测定其高程。

高低显著的地貌，如高地、土堆、洼坑及高低田坎等，其高差在 0.5mm 以上者，均应在高处及低处分别测注高程。土堆顶部如呈隆起形者，除应在最高处测注高程外，并应在其顶周围适当布设若干高程点。

铁路的高程，除特定要求外，宜测其轨顶高程，弯道处测在内侧轨顶上。路基高程应设在路基面上，除高低变化处外，可按规定间距分别在铁轨两侧交错布设。高架轨道的高程免测。

道路高程的测绘，郊区公路、市政道路、街道、里弄、新村及机关、工厂等单位内部干道上的高程点，应测在道路中心的路面上。高架道路的高程可免测。

（3）其他地貌

山洞的测绘，应在洞口位置上按真方向绘出符号。人工修筑的山洞和探洞也应用此符号表示。

依比例尺表示的独立石，应实测轮廓线，点线表示，中置石块符号，测注比高。

面积较大的石堆，应实测范围线，点线绘示，中置符号。

土堆的测绘，应实测顶部和底脚的概略轮廓，顶部实线绘示，底脚点线绘示，同时应测注顶部和底部的高程。

坑穴的测绘，应实测边缘，测注底部高程。

沙地、砂砾地、石块地、盐碱地、小草丘地、龟裂地、沼泽地、盐田、盐场、台田等土质的测绘应按实测绘，图式绘示。

第五部分　控制测量计算程序（C++）参考

一、度分秒单位化为弧度

```
/* 度分秒 -- 十进制度 */
double deg_int(double gms)
{
    double g, m;
    double s;
    double m_gms;

    if(gms > - 0.00000000001 && gms < 0.00000000001)
        return 0;
    m_gms=modf(gms + 0.00000000001, &g);
    s=modf(100.0 * m_gms + 0.000000001, &m) * 100.0;
    return (g + m / 60.0 + s / 3600.0);
}

/* 十进制度 -- 弧度 */
double int_radian(double intdeg)
{
    //PI 圆周率(PI=3.14159265)
    return intdeg * PI / 180.0;
}
```

二、坐标正算

```
/* 坐标正算 */
DPOINT coordcoun(DPOINT P, double length, double bear)
// DPOINT 点的双精度浮点坐标对(Px, Py)
// bear 为方位角,单位弧度
{
    DPOINT Pm;        // DPOINT 点的双精度浮点坐标对
```

```
    Pm.x=P.x + length * cos(bear);
    Pm.y=P.y + length * sin(bear);
    return Pm;
}
```

三、坐标反算

```
/* 计算方位角 */
double d_azim(DPOINT Pa, DPOINT Pb)
// DPOINT 点的双精度浮点坐标对
{
    double bear;              // bear 单位弧度
    double dx, dy;

    dx=Pb.x - Pa.x;
    dy=Pb.y - Pa.y;
    if(fabs(dx) < .0000001)
        dx =(dx < 0)? -0.0000001 : 0.0000001;
    bear=st_dang(atan2(dy, dx));
    return bear;
}

/* 化角度为0~2π之间 */
double st_dang(double Ang)
// Ang 弧度为单位
{
    if(Ang >= 2 * PI)
        Ang -= 2 * PI;
    else if(Ang < 0)
        Ang += 2 * PI;
    return Ang;
}

/* 计算边长 */
double d_length(DPOINT Pa, DPOINT Pb)
// DPOINT 点的双精度浮点坐标对
{
    double length;

    length=sqrt((Pb.x - Pa.x) * (Pb.x - Pa.x) + (Pb.y - Pa.y) * (Pb.y - Pa.y));
```

```
    return length;
}
```

四、导线方位角计算

```
/* 导线方位角计算 */
void pol_azim(short num, double ao, double b[], double a[])
// ao 第一条边方位角
// a[] 方位角,从第一条边开始
// 无定向导线、支导线 num 为导线点数,附合导线 num 为导线点数 + 1
{
    short i;

    a[0] = ao;
    for(i=1; i < num - 1; i ++)
    {
        a[i] = d_reazim(a[i-1]) + b[i];
        a[i] = st_angle(a[i]);
    }
}

/* 反方位角 */
double d_reazim(double bear)
// bear 度为单位
{
    if(bear >= 180)
        bear -= 180;
    else
        bear += 180;
    return bear;
}

/* 化角度为 0~360 */
double st_angle(double Ang)
// Ang 为角度,单位度
{
    if(Ang >= 360)
        Ang -= 360;
    else if(Ang < 0)
        Ang += 360;
```

```
    return Ang;
}
```

五、导线坐标计算

```
/* 导线坐标计算 */
void pol_cood(short num, double xa, double ya, double d[], double a[], double x[], double
        y[])
// xa、ya 导线起点坐标,a[]、d[]从第一条边开始的方位角、距离
{
    short i;
    DPOINT P, M;    // DPOINT 点的双精度浮点坐标对

    x[0]=xa;
    y[0]=ya;
    for(i=0; i < num - 1; i ++)
    {
        P.x=x[i];
        P.y=y[i];
        M=coordcoun(P, d[i], int_radian(a[i]));
        x[i+1]=M.x;
        y[i+1]=M.y;
    }
}
```

六、前方交会计算

```
/* 两方向前方交会 */
DPOINT ppcross(DPOINT Pa, double a_bear, DPOINT Pb, double b_bear)
// DPOINT 点的双精度浮点坐标对
// a、b 为已知点,p 为待定点
//a_bear、b_bear 为两方向的方位角,单位为弧度
{
    DPOINT P;           // DPOINT 点的双精度浮点坐标对(Px, Py)
    double lta, ltb, ltc;

    lta=Pa.y * cos(a_bear) - Pa.x * sin (a_bear);
    ltb=Pb.y * cos(b_bear) - Pb.x * sin (b_bear);
    ltc=cos(a_bear) * sin(b_bear) - cos(b_bear) *
        sin(a_bear);
```

```
    P.x=(lta * cos(b_azim) - ltb * cos(a_azim)) / ltc;
    P.y=(lta * sin(b_azim) - ltb * sin(a_azim)) / ltc;
    return P;
}
```

七、后方交会计算

```
/* 三方向后方交会 */
BOOL Resection(DPOINT Pa, DPOINT Pb, DPOINT Pc, double angle1, double angle2,
               DPOINT &P)
// 由两圆相交求待定点
// DPOINT 点的双精度浮点坐标对
// a、b、c 为一组顺时针方向的已知点,p 为待定点
// angle1 为 p-a 顺时针到 p-b 的转角, angle2 为 p-b 顺时针到 p-c 的转角
// angle1, angle2 单位弧度
{
    DPOINT Po1, Po2, Pm;          // m 为 b 点到圆心连线_o1o2
                                  的垂足点, DPOINT 点的双精度浮点坐标对
    DPOINT P1, P2;                // DPOINT 点的双精度浮点坐标对
    double Radius1, Radius2;      // 两圆半径
    double Sm;                    // Sm 为 b 点到 m 点 的距离
    double Am;                    // Am 为 b 点到 Pm 的方位角

if(fabs(angle1 - PI) < 0.000001)
{
    FixAngCircle(Pb, Pc, angle2, Po2, Radius2);
    SeclineCrossCir(Pa, Pb, Po2, Radius2, P1, P2);
    if(d_length(P1, Pb) < 0.1)
        P=P2;
    else
        P=P1;
    return TRUE;
}
if(fabs(angle2 - PI) < 0.000001)
{
    FixAngCircle(Pa, Pb, angle1, Po1, Radius1);
    SeclineCrossCir(Pb, Pc, Po1, Radius1, P1, P2);
    if(d_length(P1, Pb) < 0.1)
        P=P2;
    else
```

```
        P=P1;
    return TRUE;
}
FixAngCircle(Pa, Pb, angle1, Po1, Radius1);
FixAngCircle(Pb, Pc, angle2, Po2, Radius2);
if(d_length(Po1, Po2) < 0.1)
    return FALSE;
Pm=verticalpoint(Po1, Po2, Pb);
Sm=d_length(Pb, Pm);
Am=d_azim(Pb, Pm);
P=coordcoun(Pm, Sm, Am);
    return TRUE;
}

/* 直线段和定角确定的圆 */
void FixAngCircle(DPOINT Pa, DPOINT Pb, double Angle, DPOINT &Po, double &Radius)
// DPOINT 点的双精度浮点坐标对
// a、b 为直线段端点,Angle 为定角
// Po 为圆心坐标,Radius 为圆半径
{
    DPOINT Pm;
    double Sab, Sm;
    double A;
    double Bearing;

    Sab=d_length(Pa, Pb);              // a、b 长度
    Bearing=d_azim(Pa, Pb);            // a、b 方位角
    Pm=linemidxy(Pa, Pb);              // m 为 a、b 中点
        if(Angle > PI)
         A=2 * PI - Angle;
    else
        A=Angle;
    if(fabs(A - 0.5 * PI) < 0.000001)
    {
        Radius=0.5 * Sab;
        Po=Pm;
         return;
    }
    Radius=0.5 * Sab / sin(A);
    Sm=sqrt(Radius * Radius - 0.25 * Sab * Sab);
```

```
    if( Angle < 0.5 * PI || ( Angle > PI && Angle < 3 * PI / 2))
        Po=coordcoun( Pm, Sm, st_dang( Bearing + PI / 2));
    else
        Po=coordcoun( Pm, Sm, st_dang( Bearing - PI / 2));
}

// 直线段和圆相交
BOOL SeclineCrossCir( DPOINT Pa, DPOINT Pb, DPOINT Po, double Radius, DPOINT &P1,
                      DPOINT &P2)
// DPOINT 点的双精度浮点坐标对
// p1、p2 为直线和圆相交的两个交点
{
    double A1, B1, C1, A2, B2, C2;

    Epointsline( Pa, Pb, A1, B1, C1);      // 直线方程系数
    if( fabs( A1 * PO.x + B1 * PO.y + C1) / sqrt( A1 * A1 + B1 *
                                                  B1) > Radius)
    return FALSE;
    A2=1 + B1 * B1 / ( A1 * A1);
    B2=B1 * C1 / ( A1 * A1) + B1 * PO.x / A1 - PO.y;
    C2=PO.x * PO.x + PO.y * PO.y - Radius * Radius + C1 * C1
            / ( A1 * A1) + 2 * C1 * PO.x / A1;
    P1.y=( - B2 + sqrt( B2 * B2 - A2 * C2)) / A2;
    P2.y=( - B2 - sqrt( B2 * B2 - A2 * C2)) / A2;
    P1.x=-( B1 * P1.y + C1) / A1;
    P2.x=-( B1 * P2.y + C1) / A1;
    return TRUE;
}

/* 垂线足 */
DPOINT verticalpoint( DPOINT Pa, DPOINT Pb, DPOINT P)
// DPOINT 点的双精度浮点坐标对
{
    DPOINT Pm;                  // m 点为 p 点到 a、b 直线的垂线足,
                                   DPOINT 点的双精度浮点坐标对
    double azim, vazim;

    azim=d_azim( Pa, Pb);                // a、b 直线的方位角
    vazim=st_dang( azim + PI / 2);
    Pm=ppcross( Pa, azim, P, vazim);   // 两直线相交
```

```
    return Pm;
}

/* 两点式直线方程 */
void Epointsline(DPOINT Pa, DPOINT Pb, double &A, double &B, double &C)
// DPOINT 点的双精度浮点坐标对
// A * x + B * y + C=0;
{
    A=Pb.y - Pa.y;
    B=Pa.x - Pb.x;
    C=- A * Pa.x - B * Pa.y;
}
```

八、边长交会计算

```
/* 边长交会 */
DPOINT DD_Intersection(DPOINT Pa, DPOINT Pb, double Sa, double Sb, short fm)
// DPOINT 点的双精度浮点坐标对
// a、b 为已知点,p 为待定点
// p 点在 a、b 右侧,则 fm=1;p 点在 a、b 左侧,则 fm=-1
{
    DPOINT P;     // DPOINT 点的双精度浮点坐标对(Px, Py)

    double Aab,Aap;
    double ang;
    double Sab;

    Aab=d_azim(Pa, Pb);                  // AB 边方位角
    Sab=d_length(Pa, Pb);               // AB 边边长
    Ang=cosine(Sa, Sab, Sb);
    Aap=st_dang(Aab + fm * ang);         // AP 边方位角
    P=coordcoun(Pa, Sa, Aap);
    return P;
}

/* 余弦定理 */
double cosine(double Sa, double Sb, double Sc)
// 返回 Sc 对的角,单位弧度
{
    return acos(.5 * (Sa * Sa + Sb * Sb - Sc * Sc) / (Sa * Sb));
```

```
}
```

九、法方程式系数阵求逆

```
/* 法方程式系数阵求逆 */
BOOL NormalInversion(long Nx, double Qb[])
// Qb[] 法方程系数, Qb[0]=0, 返回逆阵
//Nx 未知数个数
{
    long i, ii, ij, k, m;
    double Bp, Bq;
    double *Qp;

    if((Qp=new double[1000]) == NULL)
        return FALSE;
    m=0;
    for(k=Nx; k >= 1; k --)
    {
        Bp=Qb[1];
        ii=1;
        for(i=1; i < Nx; i ++)
        {
            m=ii;
            ii=ii + i + 1;
            Bq=Qb[m+1];
            if(i + 1 > k)
                Qp[i]=Bq / Bp;
            else
                Qp[i]=- Bq / Bp;
            for(ij=m + 2; ij <= ii; ij ++)
                Qb[ij-i-1]=Qb[ij] + Bq * Qp[ij-m-1];
        }
        m=m - 1;
        Qb[ii]=1 / Bp;
        for(i=1; i < Nx; i ++)
            Qb[m+i+1]=Qp[i];
    }

    delete[] Qp;
    return TRUE;
```

```
}
```

十、多边形面积计算

```
/* 面积计算（测量坐标系）*/
double d_area(short num, double x[], double y[])
// 点顺时针排列
{
    short j;
    double area=0;

    for(j=1; j <= num - 1; j ++)
     {
        if(j < num - 1)
            area += .5 * y[j] * (x[j-1] - x[j+1]);
        else
            area += .5 * y[j] * (x[i] - x[1]);
     }

     return area;
}
```

十一、坐标相似变换计算

```
/* 坐标转换参数 */
void dig_fac(int num, double olt_x[], double olt_y[], double new_x[], double new_y[],
             double &fa, double &fb, double &fqa, double &fqb)
// num 公共点个数,olt_x、olt_y 原坐标系中的坐标,new_x、new_y 新坐标系中的坐标
{
    int i;
    double sumnx=0;
    double sumny=0;
    double sumox=0;
    double sumoy=0;
    double olt_xx[200];
    double olt_yy[200];
    double number_a=0;
    double number_b=0;
    double sumsquar=0;
```

```
    for(i=0; i <= num - 1; i ++)
    {
        sumnx += new_x[i] / num;
        sumny += new_y[i] / num;
        sumox += olt_x[i] / num;
        sumoy += olt_y[i] / num;
    }
    for(i=0; i < num; i ++)
    {
        olt_xx[i]=olt_x[i] - sumox;
        olt_yy[i]=olt_y[i] - sumoy;
        number_a += olt_xx[i] * new_x[i] + olt_yy[i] *
                    new_y[i];
        number_b += olt_yy[i] * new_x[i] - olt_xx[i] *
                    new_y[i];
        sumsquar += olt_xx[i] * olt_xx[i] + olt_yy[i] *
                    olt_yy[i];
    }
    fa=number_a / sumsquar;
    fb=number_b / sumsquar;
    fqa=sumnx - sumox * fa - sumoy * fb;
    fqb=sumny - sumoy * fa + sumox * fb;
}

/* 坐标转换 */
void dig_coord(double fa, double fb, double fqa,
            double fqb, double olt_x, double olt_y, double &new_x, double &new_y)
{
    newx=fa * olt_x + fb * olt_y + fqa;
    newy=fa * olt_y - fb * olt_x + fqb;
}
```

附　　录

附表1　　　　**水准测量读数练习**

日　期________________　　　　观测者________________

仪　器________________　　　　记录者________________

测　站	后视点/前视点	视　距	读　数	高　差

班级________________　　学号________________　　姓名________________

附表 2

普通水准测量

测　自__________至__________　　　　观测者__________

日　期__________　　　　记录者__________

测站	后视点/前视点	视 距	读 数	高差	高　程	备 注

班级__________　学号__________　姓名__________

附表 3

水准仪 i 角检验

仪　器______　方　法______　观测者______

日　期______　标　尺____/____　记录者______

距离 S_A = 　　距离 S_B =				
仪器站	I_1		I_2	
观测次序	A 标尺读数	B 标尺读数	A 标尺读数	B 标尺读数
1				
2				
3				
4				
中数				
高差				

班级______　学号______　姓名______

附表 4

水平度盘读数记录

日期____________ 仪器____________ 观测者____________ 记录者____________

测 站	照准点	水平度盘读数 (° ′ ″)	竖直度盘读数 (° ′ ″)	备 注
		盘 左 读 数	盘 左 读 数	
		盘 右 读 数	盘 右 读 数	

班级____________________ 学号____________________ 姓名____________________

附表 5

方向法观测记录

日　期____________　观测者____________　方向略图

测站点____________　记录者____________

照准点	读数						2c	半测回方向	一测回方向	各测回平均方向
	盘左			盘右						
	° ′	″	″	° ′	″	″	″	° ′ ″	° ′ ″	° ′ ″

班级____________　学号____________　姓名____________

附表 6

经纬仪检验与校正记录

仪　器＿＿＿＿＿＿＿＿　　　　　　　　　　观测者＿＿＿＿＿＿＿＿

<table>
<tr><td>检验项目</td><td colspan="4">检 验 和 校 正 过 程</td></tr>
<tr><td rowspan="2">照准部水准管轴垂直于竖轴</td><td colspan="4">气　泡　位　置　图</td></tr>
<tr><td>仪器整平后</td><td>旋转 180°后</td><td>用脚螺旋调整后</td><td>用校正针校正后</td></tr>
<tr><td rowspan="2">十字丝竖丝垂直于横轴</td><td colspan="2">检验初始位置望远镜视场图
（用×标示目标在视场中的位置）</td><td colspan="2">检验终了位置望远镜视场图
（用×标示目标在视场中的位置，
用虚线表示目标移动的轨迹）</td></tr>
<tr><td colspan="2"></td><td colspan="2"></td></tr>
<tr><td>视准轴垂直于横轴</td><td colspan="4">盘左读数 L' =
盘右读数 R' =
视准轴误差 $c = \frac{1}{2}(L' - R' \pm 180°) =$
盘右目标点应有的正确读数：
$R = R' + c = \frac{1}{2}(L' + R' \pm 180°) =$</td></tr>
<tr><td>横轴垂直于竖轴</td><td colspan="2">P
m_1　m_2</td><td colspan="2">d =
D =
α =
$i = \frac{d}{2D \cdot \tan\alpha} \cdot \rho'' =$</td></tr>
</table>

班级＿＿＿＿＿＿＿＿　　学号＿＿＿＿＿＿＿＿　　姓名＿＿＿＿＿＿＿＿

附表 7

全站仪测量记录

日　期____________________　　　　　　　　　　　观测者____________________

仪　器____________________　　　　　　　　　　　记录者____________________

测站（仪器高）	目标（棱镜高）	竖盘位置	水平角观测		竖角观测		距离测量		
			水平度盘读数	方向值	竖盘读数	竖角值	斜距/m	平距/m	高差/m
			° ′ ″	° ′ ″	° ′ ″	° ′ ″			

班级____________________　　学号____________________　　姓名____________________

附表 8　　**电磁波测距仪测距加常数简易测定记录表**

日　期____________________　　　　观测者____________________

仪　器____________________　　　　记录者____________________

<table>
<tr><th>测站点</th><th>照准点</th><th>距离读数(m)</th><th>距离平均值(m)</th></tr>
<tr><td rowspan="8">A</td><td rowspan="4">B</td><td></td><td rowspan="4"></td></tr>
<tr><td></td></tr>
<tr><td></td></tr>
<tr><td></td></tr>
<tr><td rowspan="4">C</td><td></td><td rowspan="4"></td></tr>
<tr><td></td></tr>
<tr><td></td></tr>
<tr><td></td></tr>
<tr><td rowspan="8">B</td><td rowspan="4">C</td><td></td><td rowspan="4"></td></tr>
<tr><td></td></tr>
<tr><td></td></tr>
<tr><td></td></tr>
<tr><td rowspan="4">A</td><td></td><td rowspan="4"></td></tr>
<tr><td></td></tr>
<tr><td></td></tr>
<tr><td></td></tr>
<tr><td rowspan="8">C</td><td rowspan="4">A</td><td></td><td rowspan="4"></td></tr>
<tr><td></td></tr>
<tr><td></td></tr>
<tr><td></td></tr>
<tr><td rowspan="4">B</td><td></td><td rowspan="4"></td></tr>
<tr><td></td></tr>
<tr><td></td></tr>
<tr><td></td></tr>
<tr><td colspan="4"></td></tr>
</table>

班级____________________　学号____________________　姓名____________________

附表9 **电磁波测距三角高程测量记录表**

日　期________________　　　　观测者________________

仪　器________________　　　　记录者________________

测站点/仪器高（m）	照准点/觇标高（m）	测回	竖直角测量				距离测量	
			竖盘位置	度盘读数 ° ′ ″	指标差 ″	竖角 ° ′ ″	斜距读数（m）	斜距（m）
/	/		L					
			R					
			L					
			R					
			L					
			R					
			L					
			R					
/	/		L					
			R					
			L					
			R					
			L					
			R					
			L					
			R					

班级________________　学号________________　姓名________________

附表 10

GNSS 测量记录表

点　　号____________ 点　名____________ 观测者____________

观测日期____________ 时段号____________ 记录者____________

<table>
<tr><td>接收机型号及编号</td><td></td><td>天线类型及其编号</td><td></td><td>存储介质类型及编号</td><td></td></tr>
<tr><td>原始观测数据文件名</td><td></td><td>Rinex 格式数据文件名</td><td></td><td>备份存储介质类型及编号</td><td></td></tr>
<tr><td>近似纬度</td><td>°　′　″N</td><td>近似经度</td><td>°　′　″E</td><td>近似高程</td><td>m</td></tr>
<tr><td>采样间隔</td><td>s</td><td>开始记录时间</td><td>h　min</td><td>结束记录时间</td><td>h　min</td></tr>
<tr><td colspan="2">天线高测定</td><td colspan="2">天线高测定方法及略图</td><td colspan="2">点位略图</td></tr>
<tr><td colspan="2">测前：　　测后：
______ m　______ m
______ m　______ m
______ m　______ m
平均值______ m　______ m</td><td colspan="2"></td><td colspan="2"></td></tr>
<tr><td colspan="2">时间(UTC)</td><td colspan="2">有效观测卫星数</td><td colspan="2">PDCP</td></tr>
<tr><td colspan="2"></td><td colspan="2"></td><td colspan="2"></td></tr>
<tr><td colspan="2"></td><td colspan="2"></td><td colspan="2"></td></tr>
<tr><td colspan="2"></td><td colspan="2"></td><td colspan="2"></td></tr>
<tr><td colspan="2"></td><td colspan="2"></td><td colspan="2"></td></tr>
<tr><td colspan="2"></td><td colspan="2"></td><td colspan="2"></td></tr>
<tr><td colspan="2"></td><td colspan="2"></td><td colspan="2"></td></tr>
<tr><td colspan="2"></td><td colspan="2"></td><td colspan="2"></td></tr>
<tr><td>记事</td><td colspan="5"></td></tr>
</table>

班级____________ 学号____________ 姓名____________